“十三五”国家重点出版物出版规划项目

中国陆地生态系统碳收支研究丛书

中国常见灌木生物量模型手册

谢宗强　王　杨　唐志尧　徐文婷　著

科学出版社
龍門書局
北　京

内 容 简 介

本手册汇集了884条中国常见灌木物种的生物量估算模型，其中480条为著者通过“中国灌丛生态系统固碳现状、变化和机制”课题所构建，另外404条为著者收集、评估、筛选到的源于我国1989年以来文献中的灌木生物量模型。基于本书收集的884条中国主要灌木物种生物量模型，读者可以直接根据灌木的生长参数，如基径、株高、冠幅、冠幅投影面积、冠幅投影体积等，方便、快速地估算灌木生物量。本书是开展陆地生态系统碳储量、固碳速率和增汇潜力研究及生态系统能量流动和物质循环研究的重要参考手册。

本书适合生物、农林、生态学和自然保护等相关专业的高等院校、科研院所的科研和教学人员阅读，也可供环境保护和林业管理部门参考。

图书在版编目（CIP）数据

中国常见灌木生物量模型手册/谢宗强等著. —北京：龙门书局, 2018.10
（中国陆地生态系统碳收支研究丛书）
国家出版基金项目 “十三五”国家重点出版物出版规划项目
ISBN 978-7-5088-5438-0

Ⅰ. ①中… Ⅱ. ①谢… Ⅲ. ①灌木–生物量–模型–中国–手册
Ⅳ. ①S718.54-62

中国版本图书馆CIP数据核字(2018)第202209号

责任编辑：李 迪 / 责任校对：郑金红
责任印制：肖 兴 / 封面设计：北京铭轩堂广告设计有限公司

科学出版社
龍門書局 出版
北京东黄城根北街16号
邮政编码：100717
http://www.sciencep.com
北京凌奇印刷有限责任公司印刷
科学出版社发行 各地新华书店经销
*
2018年10月第 一 版 开本：787×1092 1/16
2018年10月第一次印刷 印张：6 1/4
字数：152 000
POD定价： 98.00元
（如有印装质量问题，我社负责调换）

中国陆地生态系统碳收支研究丛书
编委会

前　言

灌木是灌丛生态系统及森林生态系统灌木层的优势植物。灌丛生态系统是我国陆地生态系统的重要组成部分，在生物多样性保护、固碳释氧和国土安全等方面起着不可替代的作用。我国灌丛植被种类繁多、分布广泛，在全球气候变化的背景下灌丛生态系统的碳汇功能日益显著。准确计量灌丛植被生物量、碳储量是研究灌丛碳动态、评价灌丛碳汇潜力及评估在全球气候变化背景下灌丛结构与功能等方面工作的基础和必要前提。在森林生态系统中，虽然估算乔木层生物量的方法已经日趋成熟，但对灌木层生物量的估算依然是个难题，从而使得对森林生态系统碳汇功能的评估具有很大的不确定性。基于植物个体的异速生长规律，建立植物各器官生物量与基径、株高、冠幅等测树指标间的相关生长关系（即异速生长方程），是准确估算灌木生物量的重要手段。

灌木生物量模型的研究主要借鉴林学上乔木生物量模型的研究方法，在生长季收获样本木，通过变量筛选、模型选择和精度评估来建立最优生物量模型。我国灌木生物量研究始于 20 世纪 80 年代，在减少植被破坏、简化方法和节约成本的前提下，通过建立灌木生物量模型进行生物量估算。30 多年来，陆续建立了不同立地条件下多种灌木的生物量模型，为准确估算灌丛生物量和研究灌丛生态系统结构与功能提供了重要的科学依据。纵观已有的研究，我们发现我国灌木生物量模型方面的调查研究较为薄弱，相对于我国丰富的灌丛类型和灌木物种，现有的灌木生物量模型远远不足，主要表现在以下几个方面：①包含的灌木物种相对较少，对许多常见灌丛类型和灌木物种尚未建立对应的生物量模型；②普适性较差，大多局限于特定的研究区域；③部分模型的样本量不足，建模样本较少或样本包含的个体大小范围较小；④部分模型的函数形式缺乏生物学意义和机理性，不能反映灌木的生长特性；⑤部分模型缺乏精度评价，难以保证模型的适用性和可靠性；⑥个别模型记录有误，或因排版、印刷问题导致模型系数记录错误，或因其他问题造成模型相关的文、图不对应。在本手册中，我们尽可能全面地收集了我国有关灌木生物量模型的调查研究资料，通过整理分析和修正部分错误模型记录，筛选出了真实可靠的模型数据，并按照灌丛类型和物种信息等进行归并梳理。

中国科学院战略性先导科技专项项目“生态系统固碳现状、速率、机制和潜力”的“中国灌丛生态系统固碳现状、变化和机制”课题（简称“灌丛课题”），将灌木生物量模型作为一项重要的研究内容。基于“灌丛课题”对全国主要灌丛类型生物量的调查数据，在严格的数据质量控制前提下，采用统一的方法构建了中国灌丛主要优势种的生物量模型及其验证、评价体系。整合收集、筛选和整理出近 30 年中国灌木生物量模型，共同构成中国主要灌木物种生物量模型数据库。该数据库不仅包含了中国主要灌木物种的单物种生物量模型，还包括了基于多个物种的样本木构建的区域尺度通用模型，使得在较大空间尺度上准确估算灌木生物量，以及今后进行灌木生物量的连续调查和跟踪成为可能。

经过几年的努力，我们整理编著了本手册，希望能为读者提供真实可靠的灌木生物量模型。通过本手册中的“模型信息表”和“模型参数表”，读者可方便、快速地检索到所需模型并获取模型的完整信息。需要说明的是，本手册中包含的所有灌木物种的拉丁学名，均作为附录编排在“本手册收录生物量模型的灌木物种名录”中，在正文部分不再进行标注。

在本手册成书之际，特别感谢开展灌木生物量调查研究的前辈及参与“灌丛课题”的同仁，是他们的艰辛和汗水凝结出了一个个生物量模型，为森林和灌丛生态系统碳汇功能的研究奠定了坚实的基础。还要感谢中国科学院科技先导专项（XDA05050300）的资金支持，保证了本手册的编写和出版。囿于笔者的研究水平，书中存在不足之处在所难免，恳请读者批评指正。

著 者

2018 年 4 月

目　录

前言
第 1 章　中国灌木生物量模型研究……1
1.1　中国灌木生物量模型资料整理……2
1.1.1　模型筛选……2
1.1.2　模型适用范围的确定……3
1.2　中国灌木生物量模型研究现状……4
1.3　中国灌木生物量调查和模型构建……6
1.3.1　样地设置……7
1.3.2　灌木类型的划分……7
1.3.3　样本木生物量测定……7
1.3.4　灌木生物量模型的建立及有效性评估……8
1.3.5　建模结果……9
1.4　灌木生物量模型表的便捷使用……12
第 2 章　中国主要灌木物种生物量模型信息……13
第 3 章　中国主要灌木物种生物量模型参数……39
参考文献……81
附录……84

第 1 章　中国灌木生物量模型研究

灌木是灌丛生态系统和森林生态系统灌木层的优势植物。灌丛是我国陆地生态系统的重要组成部分，在全球碳平衡中发挥着重要的碳吸收功能（胡会峰等，2006；朴世龙等，2010）。准确计量灌丛植被生物量、碳储量是研究灌丛碳动态、评价灌丛碳汇潜力、评估在全球气候变化背景下灌丛结构与功能等方面工作的基础和必要前提（Ketterings et al.，2001；胡会峰等，2006）。

中国灌丛植被类型繁多、分布广泛，在全球气候变暖的影响下我国灌丛植被碳储量的增加，被认为是我国陆地生态系统碳储量增加的主要原因（朴世龙等，2010）。然而，当前国内外对生物量、碳储量的研究多集中于森林、草地、农田及部分林下灌木，对灌丛植被生物量的研究尚缺乏（Zhou et al.，2007；曾伟生，2015）。即使在森林中，对灌木层生物量的估算依然是个难题，从而使得对森林生态系统碳汇功能的评估具有很大的不确定性。

按照对植被的破坏性，灌木生物量测定可分为两种方法：破坏性的全收割法和非破坏性的生物量模型估算法（曾伟生，2015）。生物量模型估算法，即通过构建异速生长方程估算生物量，由于其对植被的破坏性极小，且估算精度高、使用方便，成为准确估算陆地生态系统生物量、碳储量的重要手段（Baskerville，1972；陈遐林和张国华，2002）。同时，基于机载激光雷达和星载光谱仪等的遥感技术对生物量的估算，也需要结合通过生物量模型估算的地面数据进行校正和验证（Chave et al.，2004；Gonzalez et al.，2010）。

当前，对灌木生物量模型的研究仍然较少（Zhou et al.，2007），主要借鉴林学上乔木生物量模型的研究方法，在生长季收获样本木，通过变量筛选、模型选择和精度评估来建立最优生物量模型（Ludwig，1975）。然而，由于灌丛类型和物种的多样性及其广泛的分布，生物量模型研究还存在一些问题：研究多局限于有限的研究区域和物种（Muukkonen，2007；Hounzandji et al.，2015；曾伟生等，2015）；模型的函数形式多样，缺乏较为统一的标准（Foroughbakhch et al.，2005）；仅少数研究使用独立数据对模型精度进行了验证（Snee，1977；Picard and Cook，1984；Kozak and Kozak，2003；董道瑞等，2012；Hounzandji et al.，2015）。因此，基于大量样本的、系统的、大尺度的灌木生物量模型研究十分必要。

中国灌木生物量模型的研究起步较晚，至 20 世纪 80 年代才有正式报道。这一时期代表性的研究中，主要包括虎榛子、土庄绣线菊、黄刺玫、翅果油树、沙棘、细枝岩黄耆、柠条锦鸡儿及蒿属的灌木物种等（姜凤岐和卢凤勇，1982；上官铁梁和张峰，1989；张士才，1989；王晓江，1990；张峰等，1993）。经过 30 多年的发展，中国灌木生物量模型的研究逐渐增多，但相关的模型资料仍然不足，无法满足科学研究和林业生产实践的需求。中国灌木生物量模型的研究大多局限于特定区域的少数常见灌木物种，缺乏较为全面系统的大空间尺度上的研究。

林下灌木层也是生态系统植被碳库的重要组成部分，对森林生态系统的水土保持和退化植被的恢复重建具有重要作用（曾慧卿等，2007；林伟等，2010）。因此，本研究也收集了部分具有重要价值的林下灌木物种的生物量模型。

中国灌木生物量模型研究，是中国科学院战略性先导科技专项中“灌丛课题”的重要内容。通过对全国主要灌丛生态系统中代表性样地的调查，获取了翔实、可靠的灌木生物量数据，使得在较大空间尺度上构建主要灌木物种的生物量模型成为可能。

因此，本研究主要包含了两个方面的工作：一是收集、筛选并整理近 30 年中国灌木生物量模型；二是利用“灌丛课题”调查的生物量数据，构建中国灌丛主要优势种的生物量模型。从两个方面进行生物量模型的整理，建立中国常见灌木物种的生物量模型数据库。

1.1 中国灌木生物量模型资料整理

利用“灌木相对生长”“灌木异速生长”“灌木生物量方程”“灌木生物量模型”“shrub biomass model”“shrub biomass equation”“shrub allometry”“shrub allometric”等关键词，笔者全面检索了中国学术期刊网络出版总库（中国知网）、中国科技期刊数据库（维普资讯）、万方数据知识服务平台、Web of Science 数据库等国内外重要数据库，最大限度地获取 1982~2016 年正式发表和待发表的中国灌木生物量模型资料（包括学术期刊、专著及硕/博士学位论文）。在上述资料收集工作中，没有预设任何筛选条件（如物种、林龄、立地条件、模型形式等）。

1.1.1 模型筛选

为保证灌木生物量模型的可靠性，笔者从以下四个方面对收集到的模型进行筛选，以期达到去伪存真的目的。

1. 研究范围

研究范围主要限定于灌丛生态系统中灌木植物的器官生物量模型，包括天然的、人工的及因受到严重干扰（森林植被砍伐、乔木物种过度樵采、火灾等）而形成的灌丛。因此，本研究中的灌木物种既包括典型灌木物种，又包括部分因干扰而矮化了的乔木物种。此外，对部分具有重要参考价值的林下灌木物种的生物量模型也进行了收集和整理。

2. 灌丛调查测定方法

灌丛生物量调查测定采用规范的方法和步骤（谢宗强和唐志尧，2015），包括代表性样地设置、代表性样本木选择、样本木形态指标测定、器官生物量测定等内容。

一般流程为：选择具有代表性的灌丛样地，选取不同径级的样本木，测量样本木的形态特征指标（基径、株高、胸径、冠幅、分枝条数等），测定样本木分器官的鲜质量和烘干质量（即生物量）。由于研究目的的不同，划分灌木器官的详细程度存在较大差异。

3. 模型构建

本次整理工作对模型自变量不做任何限制，但对模型的函数形式有所限定。模型的函数形式以幂函数和一般线性函数为主，也包含部分二次函数。在选择模型时，首先从模型生物学意义的角度考虑，在模型回归效果（R^2）差别不大（即$|\Delta R^2|\leqslant 0.1$）时，对模型形式选择的优先次序为幂函数＞线性函数＞二次函数；其次从模型回归效果的角度，优先选择样本量较大、R^2 较高的模型；最后从模型通用性的角度考虑，优先选择自变量较少且容易准确测量的模型。

4. 模型质量

由于时间跨度大、调查测定方法不一、模型构建方法多样等，灌木生物量模型之间存在较大差异，甚至可能夹杂了人为失误（如印刷错误）。为保证模型的合理性，笔者使用以下方法对模型质量进行了检验，具体方法如下。

（1）将原文提供的灌木形态特征指标带入模型计算生物量，计算结果同原文提供的生物量值相比较。

（2）兼顾生物量在不同器官间分配比例的合理性。如果模型估算值与原文记录的实测值相差较大，或生物量在不同器官间的分配比例异常，则需根据林学和生态学的专业知识（如生境条件）判断模型的合理性，不合理的予以剔除。

基于以上 4 条筛选标准，笔者共筛选出 42 篇关于灌木生物量模型研究的文献，整理出 404 个生物量模型，包含了 156 个灌木物种。数据集主要包括研究区域、物种名称、模型适用范围（株高、基径、冠幅、冠幅面积、地上干重、总干重等）、模型形式、模型系数、模型统计信息、模型验证信息及数据来源等信息。

1.1.2　模型适用范围的确定

理论上，任何生物量模型都需要给出其可以使用的自变量取值范围，这是因为经验模型一旦偏离了其可适用的自变量范围将会大大降低模型预测的准确性。由于一些客观原因，并非所有文献都提供了模型的适用范围。因此，对缺失适用范围的模型，可采用以下办法进行处理。

（1）若原文提供了灌木样本木个体大小（如基径、株高、冠幅、地上干重、植株总干重等）的范围（最小值~最大值，min~max），则将其作为模型的适用范围。

（2）若原文仅提供了灌木样本木个体大小的平均值（mean）和标准偏差（SD），则将 mean±SD 的值作为模型适用范围的参考。

（3）若原文以散点图形式（器官生物量-基径、株高或冠幅等）间接给出自变量的范围，则采用数字化软件（Getdata Graph Digitizer v.2.25）提取模型的适用范围。

1.2 中国灌木生物量模型研究现状

通过调研 1982~2016 年公开发表和待发表的中国灌木生物量模型，笔者共筛选、整理出 42 篇文献，用于构建中国灌木生物量模型数据库。1989~2016 年，灌木生物量模型研究总体上呈增长态势，其中 1993 年、2001 年、2006 年和 2015 年 4 个年度的模型记录数出现高峰，分别达到 16 条、26 条、28 条和 52 条（图 1.1）。特别是 2011~2016 年，模型记录数占到总条数的 49.3%。

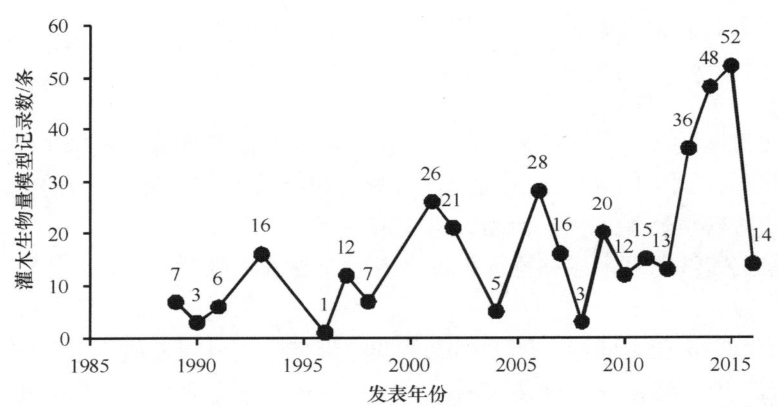

图 1.1 1989~2016 年中国灌木生物量模型记录数的变化

已发表的灌木生物量模型所包含的灌木物种仅分布于 13 个省（自治区、直辖市），共 39 个研究区。研究区主要集中在内蒙古（12 个）、山西（6 个）和新疆（6 个），占到研究区总数的 62.0%；模型记录主要集中于内蒙古（86 条）、山西（61 条）、江西（51 条）和新疆（43 条），占模型记录总数的 65.0%，其他省（自治区、直辖市）的模型记录则相对较少，均不超过 30 条（图 1.2）。

按优势灌木物种统计，生物量模型记录数达到 5 条及以上的灌木物种有 27 种，占单物种模型记录总数的 53.2%，其中梭梭（17 条）、黄刺玫（15 条）、柠条锦鸡儿（12 条）、柽柳（10 条）和红砂（10 条）模型记录数位列前五，占单物种模型记录总数的 17.7%（表 1.1）。

模型形式以幂函数和线性函数为主，二次函数和指数函数较少，其中幂函数占 69.5%（258 条），线性函数占 21.8%（81 条），二次函数占 7.0%（26 条），指数函数占 1.6%（6 条）。所有模型中，75.2%的模型（279 条）记录了模型的适用范围，93.5%的模型（347 条）是基于 5 株及以上的样本木构建的，6.5%的模型（24 条）未提供参与建模的样本木数。

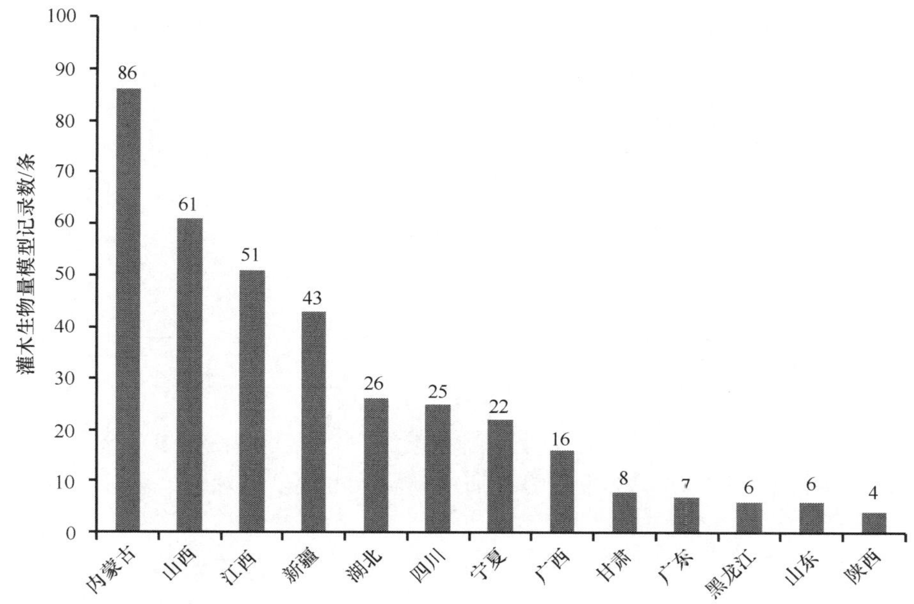

图 1.2　中国灌木生物量模型在各省（直辖市、自治区）的记录数

表 1.1　生物量模型记录数大于或等于 5 条的灌木物种

优势种名	记录数/条	优势种名	记录数/条	优势种名	记录数/条
梭梭	17	美丽胡枝子	7	灰毛浆果楝	5
黄刺玫	15	盐爪爪	7	檵木	5
柠条锦鸡儿	12	虎榛子	6	轮叶蒲桃	5
柽柳	10	黄荆	6	三裂绣线菊	5
红砂	10	中间锦鸡儿	6	土庄绣线菊	5
荆条	9	川滇高山栎	5	驼绒藜	5
北沙柳	8	峨眉蔷薇	5	野花椒	5
黑沙蒿	7	豪猪刺	5	珍珠猪毛菜	5
马桑	7	红背山麻杆	5	栀子	5

灌木各器官的模型记录数差异很大，总生物量的模型记录数最多，地上、地下、茎、叶生物量的模型较多，当年枝、皮、果的生物量模型较少（表 1.2）。

表 1.2 灌木各器官生物量模型记录条数

器官	记录数/条
叶	45
当年枝（当年枝叶、细枝）	30
茎（茎枝、老枝、粗枝）	49
皮	5
果	1
地上	89
地下	54
整株	98
合计	371

已发表的模型中，共 361 条是关于单物种的生物量模型，占比 97.3%。仅有 10 条是尝试建立了适用于特定区域的混合物种通用模型，占模型记录总条数的 2.7%。

1.3 中国灌木生物量调查和模型构建

现有的灌木生物量模型不足以估算我国常见灌木的生物量。基于中国灌丛生态系统 738 个样点的观测和测试数据，“灌丛课题”构建了中国常见灌丛优势种的生物量模型。通过自举法（bootstrap）随机重抽样（random resampling）结合交叉验证（cross validation）的方法进行了模型变量的筛选和模型函数形式的确定，并评估了模型的拟合优度和预估精度。

根据个体的枝干形态，可将灌木划分为 3 种类型：类型 a 为分枝明确、枝干离散可数的灌木，由其所构成的灌丛生态系统在《灌丛生态系统固碳研究的野外调查与室内分析技术规范》（简称《规范》）中称为“类型 A”；类型 b 为分枝不明确、枝干混杂蔓生的灌木，由其所构成的灌丛生态系统在《规范》中称为“类型 B”；类型 c 为分枝不明确、枝干成簇成团的灌木，由其所构成的灌丛生态系统在《规范》中称为“类型 C”（谢宗强和唐志尧，2015）。对类型 a 和类型 c 的灌木，分别选取最佳的预测变量，构建生物量模型。对于类型 b 的灌木，由于难以准确测量其基径、株高、冠幅等测树指标，其生物量通过收获法获得，本手册未涉及。

根据每个物种的样本木数量，建立单物种模型（species-specific model）或分区域的混合物种通用模型（mixed-species model），区域划分参照 1∶100 万中国植被图中的植被区划。模型函数形式选择最简单且最具生物学意义的幂函数和一般线性函数。

1.3.1　样地设置

以 1∶100 万中国植被图为基础，依据不同群系灌丛的面积分布比例，采用分层随机抽样方法，在全国共设置 738 个调查样地。设置样地时，要保证群落内部物种组成、群落结构和生境相对均匀。对类型 a 的灌木，在每个样地的代表性地段设置 3 个投影面积为 5 m×5 m 的样方；对类型 c 的灌木，在每个样地的代表性地段设置 3 个投影面积为 10 m×10 m 的样方。样方边缘间距最小为 5 m，最大不超过 50 m。

1.3.2　灌木类型的划分

分别以前述根据个体的枝干形态所划分的类型 a 和类型 c 两类灌木各物种的分布区域和样本木调查数量，作为建立单物种模型和区域混合物种通用模型的依据：对样本木不少于 16 株（丛）的物种建立单物种模型，对样本木不足 16 株（丛）的物种按照其所分布的植被分区建立区域通用的混合物种模型，并将混合物种模型作为区域内其他未采样的灌木物种生物量估算的参考。

1.3.3　样本木生物量测定

2011~2013 年，在植被生长最旺盛的 7~10 月调查记录灌木优势种种名、群系类型、经纬度、海拔、坡度、坡向等信息，并选取生长状况良好、无人为破坏、无动物采食的植株作为样本木，利用收获法进行采样。

对类型 a 的灌木，在样方周围对灌木优势种按不同的基径等级，每个等级选取 3~5 株，测量每株样本木的基径 D（距地面 5 cm 处的树干直径）、高度 H；对类型 c 的灌木，在样方周围对灌木优势种按不同的冠幅等级，每个等级选取 3~5 丛，测量每丛样本木的高度 H 和冠幅长轴 L_1 及与之垂直的冠幅短轴 L_2。然后将样本木整株（丛）挖出，深度为地下所达深度，齐地面处分割为地上部分和地下，地上部分按茎干、当年枝、叶片、花果分开，现场称量各组分鲜重（精确到 0.01 g）。

对类型 a 的灌木的样本木，每个分枝当作一株处理，其地下生物量按地上部分 D^2H 的相对比例进行拆分。在每个样地内，对所调查样本木的各组分按物种称取多个个体的混合样品各 200 g 存入自封袋，做好标记，带回实验室。65℃恒温烘箱中烘干至恒重，称量各样品干重（精确到 0.01 g），计算各组分的干物质比例，即各组分干重占鲜重的百分比，通过干物质比例换算出样本木各组分的干重，累加获取个体干重。各灌木物种的样本木生长状况良好，能够反映其在研究区的生长状况，具有代表性。样本木个体大小跨度大，涵盖了灌木幼苗和成熟个体。

1.3.4 灌木生物量模型的建立及有效性评估

1. 灌木生物量模型的建立

灌木生物量模型分 4 种类别进行拟合，分别对类型 a 和类型 c 的灌木拟合单物种模型，并参照 1∶100 万中国植被图中的植被区划，在寒温带针叶林区域，温带针叶、落叶阔叶混交林区域，暖温带落叶阔叶林区域，亚热带常绿阔叶林区域，热带季风雨林、雨林区域，温带草原区域，温带荒漠区域和青藏高原高寒植被区域（中国科学院中国植被图编辑委员会，2001）共 8 个区域构建通用模型。

类型 a 的灌木模型自变量为基径（cm）平方与株高（m）的乘积（D^2H），类型 c 的灌木模型自变量为冠幅投影面积（A_c）或冠幅投影体积（V_c）：

$$A_c = \pi (L_1 \times L_2) /4 \tag{1.1}$$

$$V_c = A_c \times H \tag{1.2}$$

模型类型优先采用相关生长法，即幂函数拟合生物量模型。根据灌木生长过程中相关变量之间的协调增长规律，其相关生长关系可表示为

$$Y = a \times X^b \tag{1.3}$$

经对数转换为更常用的线性函数形式：

$$\ln Y = \ln a + b \times \ln X \tag{1.4}$$

式中，Y 表示个体干重；X 表示用于估算个体干重的自变量；ln 为自然对数；a 为回归方程常数；b 为相对生长尺度系数。

在幂函数模型的拟合优度和预估精度无法满足要求时，拟合一般线性函数：

$$Y = a + b \times X \tag{1.5}$$

式中，Y 表示个体干重；X 表示用于估算个体干重的自变量；a、b 分别为回归方程的截距和斜率。

生物量模型的建立均使用 R 统计分析软件中的线性回归函数，用普通最小二乘（OLS）法进行拟合，并求解模型参数。对幂函数模型，还需使用标准误修正因子 cf 对由对数转换可能造成的结果低估进行修正。

2. 模型有效性评估

生物量模型的有效性评估包括对拟合优度和预估精度的分析。所有样本木数据按比例随机分配为建模样本（75%）和验证样本（25%），建模样本用来拟合模型并获取拟合优度的评价指标，验证样本用来分析模型的预估精度。

根据显著性检验 P 值、调整的决定系数 R^2（adj-R^2）、适合指数（FI）、均方根误差（RMSE）等指标评估模型的拟合优度；将模型估测值和验证样本的实测值拟合不含截距项的一般线性回归，根据回归斜率（b）、显著性检验 P 值、R^2（adj-R^2）、RMSE、相对误差（RE）等来评估模型的预估精度。

$$R^2_{(P)} = 1 - \sum(\ln Y_i - \ln \widehat{Y}_i)^2 / \sum(\ln Y_i - \ln \overline{Y})^2 \tag{1.6}$$

$$FI = 1 - \sum(Y_i - \widehat{Y}_i)^2 / \sum(Y_i - \overline{Y})^2 \tag{1.7}$$

$$SEE = [\sum(\ln Y_i - \ln \overline{Y}_i)^2 / (n-2)]^{1/2} \tag{1.8}$$

$$cf = \exp(SEE^2/2) \tag{1.9}$$

$$R^2_{(L)} = 1 - \sum(Y_i - \widehat{Y}_i)^2 / \sum(Y_i - \overline{Y})^2 \tag{1.10}$$

$$adj\text{-}R^2_{(P/L)} = R^2_{(P/L)} - (1 - R^2_{(P/L)}) \times (p/n-p-1) \tag{1.11}$$

$$RMSE = (\sum (Y_i - \widehat{Y}_i)^2 / n)^{1/2} \tag{1.12}$$

$$RE = \sum(\widehat{Y}_i - Y_i) / \sum Y_i \tag{1.13}$$

式中，Y_i为第 i 个植株的干重实测值；$\widehat{Y}_i$为第 i 个植株的干重估测值；$\overline{Y}$为植株干重的平均值；n 为样本个数；p 为参数个数；（P/L）表示幂函数模型或一般线性函数模型；SEE 为估算值的标准误差。

从建立各类型模型的样本木中随机选取 10%作为模型的独立检验数据集。利用自举法重抽样结合交叉验证，将剩余的 90%的样本木采用随机抽样的方法，按比例分割为训练数据集（75%）和检验数据集（25%），抽样试验重复 1000 次，每次都用训练数据集获取模型参数和拟合优度的评价指标，用检验数据集获取模型预估精度的评价指标。

生物量模型参数、拟合优度和预估精度的评价指标为 1000 次随机试验结果对应的平均值。通过对模型拟合优度和预估精度的综合分析，筛选出最优的生物量模型。最后，使用 10%的独立检验数据集检验模型在单次应用中的预估精度。

1.3.5　建模结果

1. 类型 a 的灌木生物量模型

通过对 22 个省（自治区、直辖市）的 593 个调查样地中 279 种灌木的 4875 株样本木生物量数据进行拟合，共建立生物量模型 67 组（317 条），其中单物种模型 62 组（304 条），区域通用的混合物种模型 5 组（13 条）。

可用于建立单物种模型的灌木有 63 种，包含样本木 3705 株，来源于 21 个省（自治区、直辖市）的 474 个样地，单物种生物量模型中幂函数模型 193 条，线性函数模型 111 条；用于建立区域通用混合物种模型的灌木有 216 种，包含样本木 1170 株，来源于 7 个植被分区的 19 个省（自治区、直辖市）的 244 个样地，区域通用混合物种模型中幂函数模型 6 条，线性函数模型 7 条。

地下生物量模型以地上部分生物量为自变量，其他各器官生物量模型均以 D^2H 为自变量。所有单物种模型的变量间回归关系都达到显著（$P<0.05$）或极显著（$P<0.01$）水平，幂函数模型的拟合指数 FI 均值为 0.64，FI 达到 0.8 及以上的模型有 56 条，占单物种模型总数的 18.4%；线性函数模型的 R^2 均值为 0.75，R^2 达到 0.8 及以上的模型有 60

条，占单物种模型总数的 19.7%。所有单物种模型在精度验证中估测值和实测值的拟合斜率（b）的均值为 0.96，R^2 均值为 0.85，RE 均值为–4.99%，建模和验证中的 RMSE 接近，模型无过度拟合。

所有区域通用的混合物种模型的变量间回归关系都达到显著（$P<0.05$）或极显著（$P<0.01$）水平，幂函数模型的拟合指数 FI 均值为 0.68，线性函数模型的 R^2 均值为 0.63。所有混合物种模型在精度验证中估测值和实测值的拟合斜率（b）的均值为 0.87，R^2 均值为 0.75，RE 均值为–5.6%，建模和验证中的 RMSE 接近，模型无过度拟合。

桃金娘、麻栎和麻叶绣线菊 3 个物种，或因样本木数据过度离散，或因样本量过少而无法建立较完整的各组分生物量模型。对于桃金娘和麻栎，仅能通过地上、地下生物量间的回归关系建立估算地下生物量的模型，而其他各组分的生物量模型均无法建立；对于麻叶绣线菊，所有组分的生物量模型均无法建立。

在区域通用混合物种模型中也存在类似的问题：对于暖温带落叶阔叶林区域、温带草原区域、温带荒漠区域，仅能通过地上、地下生物量间的回归关系建立估算地下生物量的模型，而其他各组分的生物量模型均无法建立。

2. 类型 c 的灌木生物量模型

通过对 5 个省（自治区、直辖市）的 143 个调查样地中 69 种灌木的 1110 丛样本木生物量数据进行拟合，共建立模型 32 组（163 条），其中单物种模型 28 组（145 条），区域通用混合物种模型 4 组（18 条）。

可用于建立单物种模型的灌木有 28 种，包含样本木 923 株（丛），来源于 4 个省（自治区、直辖市）的 93 个样地，单物种生物量模型中幂函数模型 89 条，线性函数模型 56 条；用于建立区域通用混合物种模型的灌木有 41 种，包含样本木 187 株，来源于 4 个植被分区的 4 个省（自治区、直辖市）的 58 个样地，区域通用的混合物种模型中幂函数模型 6 条，线性函数模型 12 条。

地下生物量模型以地上部分生物量为自变量，其他各器官生物量模型均以 A_c 或 V_c 为自变量。所有单物种模型的变量间回归关系都达到显著（$P<0.05$）或极显著（$P<0.01$）水平，幂函数模型的拟合指数 FI 均值为 0.63，FI 达到 0.8 及以上的模型有 13 条，占单物种模型总数的 9.0%；线性函数模型的 R^2 均值为 0.77，R^2 达到 0.8 及以上的模型有 32 条，占单物种模型总数的 22.1%。所有单物种模型在精度验证中估测值和实测值的拟合斜率（b）的均值为 0.96，R^2 均值为 0.85，RE 均值为–3.85%，建模和验证中的 RMSE 接近，模型无过度拟合。

所有区域通用混合物种模型的变量间回归关系都达到显著（$P<0.05$）或极显著（$P<0.01$）水平，幂函数模型的拟合指数 FI 均值为 0.47，线性函数模型的 R^2 均值为 0.54。所有混合物种模型在精度验证中估测值和实测值的拟合斜率（b）的均值为 0.88，R^2 均值为 0.73，RE 均值为–12.74%，建模和验证中的 RMSE 接近，模型无过度拟合。

对于亚热带常绿阔叶林区域，仅能通过地上、地下生物量间的回归关系建立估算地下生物量的模型，而其他各组分的生物量模型均无法建立。

3. 生物量模型记录汇总

通过由文献获取的灌木生物量模型结合“灌丛课题”研究中建立的生物量模型，共同构成中国灌木生物量模型数据库。生物量模型记录数大于或等于 5 条的灌木达到 89 种（表 1.3）。各器官的生物量模型记录条数见表 1.4。

表 1.3　生物量模型记录数大于或等于 5 条的灌木物种

优势种名	记录数/条	优势种名	记录数/条	优势种名	记录数/条）
黄刺玫	21	榛	8	豪猪刺	5
荆条	20	矮脚锦鸡儿	7	合头草	5
梭梭	17	长梗扁桃	7	红淡比	5
红砂	15	黄檀	7	槲栎	5
北沙柳	14	楼斗菜叶绣线菊	7	化香树	5
胡枝子	14	美丽胡枝子	7	箭竹	5
马桑	13	蒙古扁桃	7	卷边柳	5
黑沙蒿	12	绵刺	7	苦槠	5
黄荆	12	南烛	7	柃木	5
柠条锦鸡儿	12	沙冬青	7	轮叶蒲桃	5
虎榛子	11	山鸡椒	7	马缨杜鹃	5
檵木	11	四合木	7	满山红	5
土庄绣线菊	11	盐爪爪	7	毛刺锦鸡儿	5
驼绒藜	11	赤楠	6	木荷	5
柽柳	10	短柄枹栎	6	南蛇藤	5
红背山麻杆	10	枫香树	6	青冈	5
砂生槐	10	岗松	6	三裂绣线菊	5
栀子	10	火棘	6	山刺玫	5
白栎	9	茅栗	6	山桂花	5
灰毛浆果楝	9	栓皮栎	6	山胡椒	5
山杏	9	铁仔	6	石斑木	5
酸枣	9	乌药	6	疏毛绣线菊	5
霸王	8	雪层杜鹃	6	西藏锦鸡儿	5

续表

优势种名	记录数/条	优势种名	记录数/条	优势种名	记录数/条）
白刺	8	杨桐	6	烟管荚蒾	5
杜鹃	8	油茶	6	野花椒	5
蒙古绣线菊	8	余甘子	6	珍珠梅	5
泡泡刺	8	中间锦鸡儿	6	珍珠猪毛菜	5
狭叶锦鸡儿	8	川滇高山栎	5	中麻黄	5
绣线菊	8	刺旋花	5	中平树	5
盐肤木	8	峨眉蔷薇	5		

表 1.4 灌木各器官生物量模型记录条数

器官	文献记录数/条	课题研究记录数/条	总记录数/条
叶	56	84	140
当年枝（当年枝叶、细枝）	30	30	60
茎（茎枝、老枝、粗枝）	60	88	148
皮	5	0	5
果	1	0	1
地上	89	92	181
地下	65	93	158
整株	98	93	191
合计	404	480	884

1.4 灌木生物量模型表的便捷使用

为使读者能够快速地检索到所需模型并获取模型的完整信息，编制了灌木生物量模型的“模型信息表”和“模型参数表”。

在“模型信息表”中，可按照优势灌木物种检索到所需模型的相关信息（模型适用的研究区域、模型编号、模型适用的个体大小范围和模型数据来源等）。

在“模型参数表”中，可按照优势灌木物种检索到所需模型的参数信息（模型形式、模型系数、统计信息、模型验证等）。

第 2 章　中国主要灌木物种生物量模型信息

为了方便检索和使用灌木生物量模型表，笔者在收集灌木物种生物量模型时，也收集了生物量模型建立时的样地信息，包括研究区域、建模方法和模型的适用范围（基径、株高、冠幅面积、冠幅体积等）。在“灌丛课题”的灌木生物量模型研究中，详细记录了灌丛类型、枝干形态、优势灌木物种、采样区域、建模方法及模型适用范围等信息；采用规范、统一的方法进行样地信息记录、灌木样本木生物量数据采集、模型构建和模型验证。

而在前人灌木生物量模型研究中，在样地信息记录、灌木样本木生物量数据采集、模型构建和模型验证等方面所采用的方法则不尽相同，特别是在灌木样本木基本生长信息、模型变量选择、模型的函数形式及模型验证方法等方面。

因此，笔者对通过文献检索、整理的生物量模型和“灌丛课题”研究中建立的生物量模型按照优势灌木物种、灌丛类型、枝干形态等信息进行归并，编排了“灌木单物种生物量模型信息表”，在表中逐条记录了模型的数据来源。

在通过文献获取的模型中，一些关于林下灌木层主要灌木物种的生物量模型具有较大的参考价值，在此次生物量模型的整理中一并纳入。因此，灌丛类型包括了以下几类：常绿阔叶灌丛、常绿针叶灌丛、落叶阔叶灌丛、稀疏灌木林、林下灌木层。

在先前研究中，部分灌木物种使用了不同的中文名（如“毛条”“柠条”“柠条锦鸡儿”），个别研究中使用了错误的物种名（如将“烈香杜鹃”记录为“裂香杜鹃”）。因此，为避免灌木物种生物量模型的混淆，在此次收集、整理工作中，将所有物种的中文名按照原文提供的拉丁名参照“中国在线植物志”（www.eflora.cn）进行了修正和统一。

在“灌木单物种生物量模型信息表”中，详细记录了优势灌木物种、研究区域或地点、植株密度、模型编号、模型适用范围、灌丛类型、枝干形态、数据来源等信息（表 2.1）。不同研究中所记录的研究区域的详细程度各不相同，遵照原文记录各模型适用的研究区域。不同研究中所采用的各变量的单位也不相同，为方便使用，在模型信息表中将各变量单位进行了统一，如将株高的单位统一为厘米（cm），将器官干质量的单位统一为克（g）。

对于文献获取的混合物种模型，模型信息表包含了 10 条记录，每条均记录了参与建模的所有优势灌木物种、研究区域或地点、模型编号、模型适用范围、数据来源等信息（表 2.2）。对于“灌丛课题”研究中建立的混合物种模型，模型信息表包含了 9 条记录，每条均记录了植被分区、枝干形态、研究区域或地点、模型编号、模型适用范围等信息（表 2.3）。

表 2.1 灌木单物种生物量模型信息表

优势灌木物种	模型信息编号	研究区域或地点	植株密度/[株(丛)/hm^2]	模型编号	模型适用范围					灌丛类型	枝干形态	数据来源
					株高 H/cm	冠径 C/cm	植冠投影面积 A_c/m^2	基径 D/cm	总[地上]干重 TB[AGB]/g			
矮高山栎	xx-1	四川		mx-1～mx-3						常绿阔叶灌丛	类型 c	谢宗强等，2019
矮脚锦鸡儿	xx-2	内蒙古	5367	mx-4～mx-8	9～40		0.005～0.218			落叶阔叶灌丛	类型 c	灌丛课题
矮脚锦鸡儿	xx-3	内蒙古		mx-9～mx-10						落叶阔叶灌丛	类型 c	孙威，2015
菝葜	xx-4	湖北省长阳县		mx-11～mx-12		8～55				落叶阔叶灌丛	类型 a	万里强和李向林，2001
霸王	xx-5	内蒙古	2133～40000	mx-13～mx-17	20～97		0.029～1.261			落叶阔叶灌丛	类型 c	灌丛课题
霸王	xx-6	内蒙古		mx-18～mx-19						落叶阔叶灌丛	类型 c	孙威，2015
霸王	xx-7	新疆		mx-20	45～98	148 × 111.33		3.83～7.44	1819.14～10985.75	落叶阔叶灌丛	类型 c	艾沙江·吾斯曼，2012
白背叶	xx-8	湖南、浙江	3200～31600	mx-21～mx-23	120～440			1.3～3.2		落叶阔叶灌丛	类型 a	灌丛课题
白刺	xx-9	内蒙古	400～4700	mx-24～mx-29	11～74		0.02～3.393			稀疏灌木林	类型 c	灌丛课题
白刺	xx-10	内蒙古		mx-30～mx-31						落叶阔叶灌丛	类型 c	孙威，2015
白花柽柳	xx-11	新疆吐鲁番		mx-32～mx-34	270			2.94	[16120]	落叶阔叶灌丛	类型 c	安尼瓦尔和尹林克，1997
白栎	xx-12	安徽、福建、广东、贵州、湖北、湖南、江苏、江西、浙江、重庆	3600～134667	mx-35～mx-40	26～570			0.1～8.5		落叶阔叶灌丛	类型 a	灌丛课题

续表

优势灌木物种	模型信息编号	研究区域或地点	植株密度/[株(丛)/hm²]	模型编号	模型适用范围					灌丛类型	枝干形态	数据来源
					株高 H/cm	冠径 C/cm	植冠投影面积 A_c/m^2	基径 D/cm	总[地上]干重 TB[AGB]/g			
白栎	xx-13	湖北省长阳县		mx-41 ~ mx-42		26 ~ 71				落叶阔叶灌丛	类型 a	万里强和李向林，2001
白栎	xx-14	中国科学院千烟洲生态试验站		mx-43	162 ± 75	67 ± 42				林下灌木层	类型 a	曾慧卿等，2007
白马骨	xx-15	中国科学院江西省千烟洲红壤丘陵综合开发试验站		mx-44 ~ mx-47	10 ~ 119	7.5 ~ 61.5		0.147 ~ 0.901	0.53 ~ 33.12	林下灌木层	类型 a	曾慧卿等，2006b
白沙蒿	xx-16	毛乌素沙区		mx-48					298	落叶阔叶灌丛	类型 c	于九如等，1993
白檀	xx-17	中国科学院千烟洲生态试验站		mx-49	49 ± 22	47 ± 23				林下灌木层	类型 a	曾慧卿等，2007
柏拉木	xx-18	江西省井冈山自然保护区		mx-50	36 ~ 173			0.313 ~ 1.612	4.19 ~ 196.88	林下灌木层	类型 a	林伟等，2010
暴马丁香	xx-19	黑龙江省帽儿山森林生态系统国家野外科学观测站		mx-51	40.37 ~ 128.45			0.37 ~ 1.25	[1.01 ~ 27.51]	落叶阔叶灌丛	类型 a	黄劲松和邸雪颖，2011
北沙柳	xx-20	内蒙古	433 ~ 1700	mx-52 ~ mx-57	130 ~ 243		0.047 ~ 2.136			落叶阔叶灌丛	类型 c	灌丛课题
北沙柳	xx-21	内蒙古		mx-58 ~ mx-59						落叶阔叶灌丛	类型 c	孙威，2015
北沙柳	xx-22	内蒙古毛乌素沙地		mx-60 ~ mx-64	160 ~ 290		0.78 ~ 11.64		1380 ~ 55720	落叶阔叶灌丛	类型 c	刘陟，2014
北沙柳	xx-23	内蒙古伊克昭盟		mx-65						落叶阔叶灌丛	类型 c	李钢铁等，1998
变色锦鸡儿	xx-24	西藏	2267 ~ 16267	mx-66 ~ mx-68	5 ~ 70		0.004 ~ 0.44			落叶阔叶灌丛	类型 c	灌丛课题

续表

优势灌木物种	模型信息编号	研究区域或地点	植株密度/[株(丛)/hm^2]	模型编号	模型适用范围					灌丛类型	枝干形态	数据来源
					株高 H/cm	冠径 C/cm	植冠投影面积 A_c/m^2	基径 D/cm	总[地上]干重 TB[AGB]/g			
草麻黄	xx-25	新疆		mx-69	20～60	110.73×99.55		3.56～6.80	1024.41～4406.81	落叶阔叶灌丛	类型 c	艾沙江·吾斯曼, 2012
柽柳	xx-26	内蒙古鄂尔多斯市杭锦旗库布其沙漠北缘		mx-70	221.89±39.13	165×184		4.609±0.489	2237.25±106.17	落叶阔叶灌丛	类型 c	党晓宏等, 2016
柽柳	xx-27	山东昌邑		mx-71～mx-76	90～450			1.35～5.68		落叶阔叶灌丛	类型 c	陈鹏飞等, 2016
柽柳	xx-28	塔里木河下游		mx-77				0.89～3.35*		落叶阔叶灌丛	类型 c	董道瑞等, 2012
柽柳	xx-29	新疆		mx-78	100～200	209.21×157.21		43～77	10478.52～47879.26	落叶阔叶灌丛	类型 c	艾沙江·吾斯曼, 2012
柽柳	xx-30	新疆轮台县		mx-79					5440～49730	落叶阔叶灌丛	类型 c	李丕军等, 2015
秤星树	xx-31	广东		mx-80	45～120	15～50		0.2～7	19.91～385.64	落叶阔叶灌丛	类型 a	张亚茹等, 2013
赤楠	xx-32	福建、湖南、浙江	22667～125067	mx-81～mx-85	54～235			0.2～3.4		常绿阔叶灌丛	类型 a	灌丛课题
赤楠	xx-33	江西省井冈山自然保护区		mx-86	35～140			0.365～1.141	4.46～63.24	林下灌木层	类型 a	林伟等, 2010
赤杨叶	xx-34	江西省井冈山自然保护区		mx-87	28～144			0.205～1.012	0.84～39.05	林下灌木层	类型 a	林伟等, 2010
翅果油树	xx-35	山西翼城县甘泉林场		mx-88～mx-90						落叶阔叶灌丛	类型 a	张峰等, 1993
川滇高山栎	xx-36	卧龙自然保护区		mx-91～mx-95						常绿阔叶灌丛	类型 a	刘兴良等, 2006

续表

优势灌木物种	模型信息编号	研究区域或地点	植株密度/[株(丛)/hm^2]	模型编号	模型适用范围					灌丛类型	枝干形态	数据来源
					株高 H/cm	冠径 C/cm	植冠投影面积 A_c/m^2	基径 D/cm	总[地上]干重 TB[AGB]/g			
刺五加	xx-37	黑龙江省帽儿山森林生态系统国家野外科学观测站		mx-96	25.45 ~ 102.28			0.27 ~ 1.14	[0.15 ~ 5.05]	落叶阔叶灌丛	类型 a	黄劲松和邸雪颖，2011
刺旋花	xx-38	内蒙古	767 ~ 2633	mx-97 ~ mx-101	10 ~ 22		0.013 ~ 0.141			稀疏灌木林	类型 c	灌丛课题
地盘松	xx-39	四川		mx-102 ~ mx-104						常绿针叶灌丛	类型 c	谢宗强等，2019
杜茎山	xx-40	江西省井冈山自然保护区		mx-105	24 ~ 101			0.263 ~ 0.754	1.43 ~ 59.29	林下灌木层	类型 a	林伟等，2010
杜鹃	xx-41	安徽、福建、广东、广西、湖南、江西、浙江	3600 ~ 140400	mx-106 ~ mx-111	25 ~ 320			0.3 ~ 3.5		落叶阔叶灌丛	类型 a	灌丛课题
杜鹃	xx-42	广东		mx-112	60 ~ 230	30 ~ 210		0.8 ~ 4.7	117.83 ~ 957.49	常绿阔叶灌丛	类型 a	张亚茹等，2013
杜鹃	xx-43	中国科学院千烟洲生态试验站		mx-113	174 ± 70	51 ± 34				林下灌木层	类型 a	曾慧卿等，2007
短柄枹栎	xx-44	安徽、贵州、湖北、湖南、四川、浙江	7600 ~ 155467	mx-114 ~ mx-119	27 ~ 600			0.3 ~ 6.369		落叶阔叶灌丛	类型 a	灌丛课题
多枝柽柳	xx-45	新疆		mx-120 ~ mx-121	140 ~ 270			0.86 ~ 4.1	5780 ~ 17680	落叶阔叶灌丛	类型 c	赵成义等，2004
峨眉蔷薇	xx-46	四川		mx-122 ~ mx-126	34.6 ~ 194	23.3 ~ 105		0.473 ~ 1.881	15.424 ~ 186.461	落叶阔叶灌丛	类型 a	王玲，2009
枫香树	xx-47	福建、湖南、浙江	3333 ~ 48933	mx-127 ~ mx-132	93 ~ 370			0.8 ~ 4.59		落叶阔叶灌丛	类型 a	灌丛课题
甘蒙柽柳	xx-48	新疆吐鲁番		mx-133 ~ mx-135	250			3.54	[10340]	落叶阔叶灌丛	类型 c	安尼瓦尔和尹林克，1997

续表

优势灌木物种	模型信息编号	研究区域或地点	植株密度/[株(丛)/hm^2]	模型编号	模型适用范围					灌丛类型	枝干形态	数据来源
					株高 H/cm	冠径 C/cm	植冠投影面积 A_c/m^2	基径 D/cm	总[地上]干重 TB[AGB]/g			
刚毛柽柳	xx-49	新疆吐鲁番		mx-136～mx-138	230			4.36	[11320]	落叶阔叶灌丛	类型 c	安尼瓦尔和尹林克，1997
岗松	xx-50	广东		mx-139	60～230	10～150		0.2～4.7	6.86～580.25	落叶阔叶灌丛	类型 a	张亚茹等，2013
岗松	xx-51	广东、广西	1067～84133	mx-140～mx-144	20～240			0.2～3.5		落叶阔叶灌丛	类型 a	灌丛课题
高山栎	xx-52	四川、西藏		mx-145～mx-147						常绿阔叶灌丛	类型 a	谢宗强等，2019
高山绣线菊	xx-53	祁连山寺大隆林区		mx-148	80.2	155.6			[19.72～308.26]	落叶阔叶灌丛	类型 c	梁倍等，2013
戈壁藜	xx-54	新疆		mx-149	7～26	37.07 × 27.29		2.45～3.21	344.93～1392.97	落叶阔叶灌丛	类型 c	艾沙江•吾斯曼，2012
格药柃	xx-55	江西省井冈山自然保护区		mx-150	45～126			0.438～0.836	7.68～67.44	林下灌木层	类型 a	林伟等，2010
格药柃	xx-56	中国科学院千烟洲生态试验站		mx-151	150 ± 90	93 ± 54				林下灌木层	类型 a	曾慧卿等，2007
鬼箭锦鸡儿	xx-57	祁连山寺大隆林区		mx-152	51.2	90.8			[36.34～698.09]	落叶阔叶灌丛	类型 c	梁倍等，2013
豪猪刺	xx-58	四川		mx-153～mx-157	48.7～185	13.6～120		0.378～2.41	7.311～1264.146	落叶阔叶灌丛	类型 a	王玲，2009
合头草	xx-59	内蒙古、新疆	2633～31200	mx-158～mx-161	9～50		0.009～1.484			稀疏灌木林	类型 c	灌丛课题
合头草	xx-60	新疆		mx-162	27～92	90.95 × 68.81		1.72～5.14	206.83～3220.25	落叶阔叶灌丛	类型 c	艾沙江•吾斯曼，2012
河北木蓝	xx-61	内蒙古		mx-163～mx-164						落叶阔叶灌丛	类型 c	孙威，2015

续表

优势灌木物种	模型信息编号	研究区域或地点	植株密度/[株(丛)/hm^2]	模型编号	模型适用范围					灌丛类型	枝干形态	数据来源
					株高 H/cm	冠径 C/cm	植冠投影面积 A_c/m^2	基径 D/cm	总[地上]干重 TB[AGB]/g			
黑沙蒿	xx-62	毛乌素沙地		mx-165	32 ~ 90		0.177 ~ 1.605		[60.4 ~ 918.16]	落叶阔叶灌丛	类型 c	张军和闫旭，2014
黑沙蒿	xx-63	毛乌素沙区		mx-166					128	落叶阔叶灌丛	类型 c	于九如等，1993
黑沙蒿	xx-64	内蒙古毛乌素沙地		mx-167 ~ mx-171	40 ~ 110		0.16 ~ 3.3		50 ~ 6440	落叶阔叶灌丛	类型 c	刘陟，2014
黑沙蒿	xx-65	陕西	4267 ~ 14133	mx-172 ~ mx-176	45 ~ 100			0.6 ~ 4		落叶阔叶灌丛	类型 a	灌丛课题
红背山麻杆	xx-66	广西	13067 ~ 79333	mx-177 ~ mx-181	33 ~ 340			0.41 ~ 3.708		落叶阔叶灌丛	类型 a	灌丛课题
红背山麻杆	xx-67	广西都安县		mx-182 ~ mx-186	199 ± 42			1.67 ± 0.73	219 ± 198.85	落叶阔叶灌丛	类型 a	庞世龙等，2014
红淡比	xx-68	福建	2800 ~ 5600	mx-187 ~ mx-191	40 ~ 215			0.1 ~ 4.5		常绿阔叶灌丛	类型 a	灌丛课题
红砂	xx-69	内蒙古		mx-192 ~ mx-193						落叶阔叶灌丛	类型 c	孙威，2015
红砂	xx-70	内蒙古、新疆	1700 ~ 38667	mx-194 ~ mx-198	9 ~ 40		0.027 ~ 1.131			稀疏灌木林	类型 c	灌丛课题
红砂	xx-71	腾格里沙漠东南缘		mx-199 ~ mx-203						落叶阔叶灌丛	类型 c	杨昊天等，2013
红砂	xx-72	新疆		mx-204	25 ~ 35	70.63 × 58.86		0.91 ~ 9.31	131.31 ~ 5053.58	落叶阔叶灌丛	类型 c	艾沙江•吾斯曼，2012
红砂	xx-73	新疆		mx-205	9.57 ~ 33.26	47.63 × 43.19			5.97 ~ 90.56	落叶阔叶灌丛	类型 c	赵成义等，2004
红砂	xx-74	新疆阜康		mx-206	10 ~ 36	13 ~ 105.5			3.2 ~ 266	落叶阔叶灌丛	类型 c	刘速和刘晓云，1996

续表

优势灌木物种	模型信息编号	研究区域或地点	植株密度/[株(丛)/hm^2]	模型编号	模型适用范围					灌丛类型	枝干形态	数据来源
					株高 H/cm	冠径 C/cm	植冠投影面积 A_c/m^2	基径 D/cm	总[地上]干重 TB[AGB]/g			
胡颓子	xx-75	山西省太岳林区灵空山林场		mx-207 ~ mx-209	200			2		落叶阔叶灌丛	类型 a	陈遐林和张国华，2002
胡枝子	xx-76	福建、黑龙江、吉林、江西、四川、浙江、重庆	1733 ~ 94400	mx-210 ~ mx-214	43 ~ 310			0.125 ~ 3.354		落叶阔叶灌丛	类型 a	灌丛课题
胡枝子	xx-77	内蒙古	9600	mx-215 ~ mx-220	8 ~ 55		0.006 ~ 0.342			落叶阔叶灌丛	类型 c	灌丛课题
胡枝子	xx-78	山西省太岳林区灵空山林场		mx-221 ~ mx-223	95			0.83		落叶阔叶灌丛	类型 a	陈遐林和张国华，2002
槲栎	xx-79	安徽、重庆	11067 ~ 106400	mx-224 ~ mx-228	84 ~ 500			0.4 ~ 6.4		落叶阔叶灌丛	类型 a	灌丛课题
虎榛子	xx-80	黑龙江、内蒙古、陕西	23200 ~ 37600	mx-229 ~ mx-233	77 ~ 230			0.283 ~ 3.085		落叶阔叶灌丛	类型 a	灌丛课题
虎榛子	xx-81	山西娄烦县云顶山		mx-234 ~ mx-236	75.36 ± 21.9			0.48 ± 0.20		落叶阔叶灌丛	类型 a	上官铁梁和张峰，1989
虎榛子	xx-82	山西省太岳林区灵空山林场		mx-237 ~ mx-239	140			1.1		落叶阔叶灌丛	类型 a	陈遐林和张国华，2002
化香树	xx-83	安徽、湖北、湖南、浙江、重庆	9333 ~ 120133	mx-240 ~ mx-244	110 ~ 560			0.4 ~ 8.32		落叶阔叶灌丛	类型 a	灌丛课题
黄刺玫	xx-84	关帝山		mx-245 ~ mx-247	103.45 ± 24.67			0.98 ± 0.49		落叶阔叶灌丛	类型 a	张峰和上官铁梁，1991
黄刺玫	xx-85	内蒙古	3067 ~ 24267	mx-248 ~ mx-253	30 ~ 150		0.009 ~ 2.218			落叶阔叶灌丛	类型 c	灌丛课题

续表

优势灌木物种	模型信息编号	研究区域或地点	植株密度/[株(丛)/hm^2]	模型编号	模型适用范围					灌丛类型	枝干形态	数据来源
					株高 H/cm	冠径 C/cm	植冠投影面积 A_c/m^2	基径 D/cm	总[地上]干重 TB[AGB]/g			
黄刺玫	xx-86	内蒙古		mx-254 ~ mx-255						落叶阔叶灌丛	类型 c	孙威，2015
黄刺玫	xx-87	山西省朔州市右玉县		mx-256 ~ mx-259	91.59 ± 43.41				[305.2 ± 556.94]	落叶阔叶灌丛	类型 a	李刚等，2014
黄刺玫	xx-88	山西省太岳林区灵空山林场		mx-260 ~ mx-262	200			1.8		落叶阔叶灌丛	类型 a	陈遐林和张国华，2002
黄刺玫	xx-89	山西翼城县甘泉林场		mx-263 ~ mx-265						落叶阔叶灌丛	类型 a	张峰等，1993
黄荆	xx-90	广西、湖北、湖南、上海、浙江、重庆	3200 ~ 51333	mx-266 ~ mx-271	45 ~ 570			0.4 ~ 6.2		落叶阔叶灌丛	类型 a	灌丛课题
黄荆	xx-91	广西都安县		mx-272 ~ mx-277	216 ± 63			1.9 ± 0.85	334.99 ± 321.95	落叶阔叶灌丛	类型 a	庞世龙等，2014
黄栌	xx-92	湖北、陕西、四川、重庆	3333 ~ 40800	mx-278 ~ mx-281	41 ~ 400			0.5 ~ 9.873		落叶阔叶灌丛	类型 a	灌丛课题
黄檀	xx-93	安徽、福建、湖南、浙江	3200 ~ 142000	mx-282 ~ mx-286	72 ~ 450			0.3 ~ 3.91		落叶阔叶灌丛	类型 a	灌丛课题
黄檀	xx-94	湖北省长阳县		mx-287 ~ mx-288		27 ~ 102				落叶阔叶灌丛	类型 a	万里强和李向林，2001
灰毛浆果楝	xx-95	广西	17867 ~ 39200	mx-289 ~ mx-292	108 ~ 380			0.8 ~ 4.5		落叶阔叶灌丛	类型 a	灌丛课题
灰毛浆果楝	xx-96	广西都安县		mx-293 ~ mx-297	216 ± 64			2.34 ± 1.20	337.44 ± 431.69	落叶阔叶灌丛	类型 a	庞世龙等，2014
火棘	xx-97	广东、广西、湖北、湖南、陕西、重庆	6933 ~ 40800	mx-298 ~ mx-303	55 ~ 413			0.5 ~ 3.52		落叶阔叶灌丛	类型 a	灌丛课题

续表

优势灌木物种	模型信息编号	研究区域或地点	植株密度/[株(丛)/hm²]	模型编号	模型适用范围					灌丛类型	枝干形态	数据来源
					株高 H/cm	冠径 C/cm	植冠投影面积 A_c/m²	基径 D/cm	总[地上]干重 TB[AGB]/g			
鸡树条	xx-98	黑龙江省帽儿山森林生态系统国家野外科学观测站		mx-304	24.69 ~ 139.32			0.29 ~ 1.21	[0.99 ~ 20.72]	落叶阔叶灌丛	类型 a	黄劲松和邸雪颖，2011
吉拉柳	xx-99	祁连山寺大隆林区		mx-305	44	148			[31.17 ~ 430.02]	落叶阔叶灌丛	类型 c	梁倍等，2013
檵木	xx-100	安徽、福建、广东、广西、湖北、湖南、江西、浙江、重庆	933 ~ 142000	mx-306 ~ mx-311	55 ~ 520			0.1 ~ 6.9		常绿阔叶灌丛	类型 a	灌丛课题
檵木	xx-101	广东		mx-312	70 ~ 380	40 ~ 120		0.6 ~ 6.6	66.14 ~ 2195.74	常绿阔叶灌丛	类型 a	张亚茹等，2013
檵木	xx-102	中国科学院千烟洲生态定位试验站		mx-313 ~ mx-315	47 ~ 372	30 ~ 157.5				林下灌木层	类型 a	曾慧卿等，2006a
檵木	xx-103	中国科学院千烟洲生态试验站		mx-316	142 ± 78	64 ± 39				林下灌木层	类型 a	曾慧卿等，2007
假木贼	xx-104	新疆		mx-317	3 ~ 18	46.41 × 33.89		2.23 ~ 5.55	254.28 ~ 1836.43	落叶阔叶灌丛	类型 c	艾沙江•吾斯曼，2012
箭竹	xx-105	湖北	5600 ~ 9067	mx-318 ~ mx-322	101 ~ 270			0.4 ~ 1.2		常绿阔叶灌丛	类型 a	灌丛课题
金露梅	xx-106	甘肃省玛曲县		mx-323	19.5 ~ 46	37.2 ~ 66.7	0.114 ~ 0.443		[127 ~ 280]	落叶阔叶灌丛	类型 c	张贞明和韩天虎，2008
金露梅	xx-107	祁连山寺大隆林区		mx-324	55	177			[1.29 ~ 478.54]	落叶阔叶灌丛	类型 c	梁倍等，2013
金樱子	xx-108	江西省井冈山自然保护区		mx-325	77 ~ 271			0.353 ~ 1.611	11.04 ~ 259.60	林下灌木层	类型 a	林伟等，2010
荆条	xx-109	安徽、陕西、浙江	15733 ~ 65467	mx-326 ~ mx-330	110 ~ 319			0.5 ~ 3.5		落叶阔叶灌丛	类型 a	灌丛课题

续表

优势灌木物种	模型信息编号	研究区域或地点	植株密度/[株(丛)/hm^2]	模型编号	模型适用范围					灌丛类型	枝干形态	数据来源
					株高 H/cm	冠径 C/cm	植冠投影面积 A_c/m^2	基径 D/cm	总[地上]干重 TB[AGB]/g			
荆条	xx-110	内蒙古	9600～16800	mx-331～mx-336	18～120		0.022～0.923			落叶阔叶灌丛	类型c	灌丛课题
荆条	xx-111	内蒙古		mx-337～mx-338						落叶阔叶灌丛	类型c	孙威, 2015
荆条	xx-112	山西陵川		mx-339～mx-341	86.66±22.9			0.1～1		落叶阔叶灌丛	类型a	茹文明，1993
荆条	xx-113	山西省朔州市右玉县		mx-342～mx-345	91.86±31.44				[334.43±306.11]	落叶阔叶灌丛	类型a	李刚等，2014
卷边柳	xx-114	吉林	16400～26933	mx-346～mx-350	45～245			0.267～2.528		落叶阔叶灌丛	类型a	灌丛课题
卷叶锦鸡儿	xx-115	内蒙古		mx-351～mx-352						落叶阔叶灌丛	类型c	孙威, 2015
苦槠	xx-116	福建、湖北、湖南、浙江	4667～120133	mx-353～mx-357	30～283			0.2～6		常绿阔叶灌丛	类型a	灌丛课题
宽苞水柏枝	xx-117	内蒙古鄂尔多斯市杭锦旗库布其沙漠北缘		mx-358	331.77±23.18	340×398		4.582±0.576	12183.85±415.08	落叶阔叶灌丛	类型c	党晓宏等，2016
筐柳	xx-118	内蒙古鄂尔多斯市杭锦旗库布其沙漠北缘		mx-359	254.65±12.47	349×372		4.42±0.523	2808.23±120.42	落叶阔叶灌丛	类型c	党晓宏等，2016
烈香杜鹃	xx-119	甘肃省玛曲县		mx-360	31～63.3	37.3～62.6	0.136～0.381		[174.5～294.6]	常绿阔叶灌丛	类型c	张贞明和韩天虎，2008
柃木	xx-120	福建、广东、浙江	2800～125733	mx-361～mx-365	45～345			0.2～3.9		常绿阔叶灌丛	类型a	灌丛课题
柳杉	xx-121	湖北省长阳县		mx-366～mx-367		9～76				常绿针叶灌丛	类型a	万里强和李向林，2001

续表

优势灌木物种	模型信息编号	研究区域或地点	植株密度/[株(丛)/hm^2]	模型编号	模型适用范围					灌丛类型	枝干形态	数据来源
					株高 H/cm	冠径 C/cm	植冠投影面积 A_c/m^2	基径 D/cm	总[地上]干重 TB[AGB]/g			
耧斗菜叶绣线菊	xx-122	内蒙古	4533 ~ 11600	mx-368 ~ mx-372	34 ~ 156		0.063 ~ 0.551			落叶阔叶灌丛	类型 c	灌丛课题
耧斗菜叶绣线菊	xx-123	内蒙古		mx-373 ~ mx-374						落叶阔叶灌丛	类型 c	孙威, 2015
鹿角杜鹃	xx-124	江西省井冈山自然保护区		mx-375	55 ~ 300			0.703 ~ 2.479	22.11 ~ 543.48	林下灌木层	类型 a	林伟等, 2010
轮叶蒲桃	xx-125	中国科学院江西省千烟洲红壤丘陵综合开发试验站		mx-376 ~ mx-379	34 ~ 126	13.5 ~ 82.5		0.291 ~ 2.057	2.30 ~ 121.22	林下灌木层	类型 a	曾慧卿等, 2006b
轮叶蒲桃	xx-126	中国科学院千烟洲生态试验站		mx-380	61 ± 21	99 ± 49				林下灌木层	类型 a	曾慧卿等, 2007
麻栎	xx-127	广西、四川	8933 ~ 18400	mx-381	165 ~ 600			1.767 ~ 7.535		落叶阔叶灌丛	类型 a	灌丛课题
麻栎	xx-128	湖北省长阳县		mx-382 ~ mx-383		20 ~ 68				落叶阔叶灌丛	类型 a	万里强和李向林, 2001
马桑	xx-129	广西、湖北、湖南、陕西、四川、重庆	933 ~ 40267	mx-384 ~ mx-389	40 ~ 520			0.59 ~ 11.338		落叶阔叶灌丛	类型 a	灌丛课题
马桑	xx-130	湖北省长阳县		mx-390 ~ mx-391		14 ~ 108				落叶阔叶灌丛	类型 a	万里强和李向林, 2001
马桑	xx-131	四川		mx-392 ~ mx-396	50 ~ 330	30 ~ 190		0.536 ~ 4.291	63.548 ~ 1189.547	落叶阔叶灌丛	类型 a	王玲, 2009
马缨杜鹃	xx-132	贵州	14133 ~ 14133	mx-397 ~ mx-401	22 ~ 400			0.318 ~ 14.331		常绿阔叶灌丛	类型 a	灌丛课题
满山红	xx-133	安徽、湖南、浙江	26533 ~ 119867	mx-402 ~ mx-406	75 ~ 270			0.3 ~ 3.58		落叶阔叶灌丛	类型 a	灌丛课题

续表

优势灌木物种	模型信息编号	研究区域或地点	植株密度/[株(丛)/hm^2]	模型编号	模型适用范围					灌丛类型	枝干形态	数据来源
					株高 H/cm	冠径 C/cm	植冠投影面积 A_c/m^2	基径 D/cm	总[地上]干重 TB[AGB]/g			
满树星	xx-134	中国科学院千烟洲生态试验站		mx-407	78 ± 23	56 ± 29				林下灌木层	类型 a	曾慧卿等，2007
毛刺锦鸡儿	xx-135	青海	900	mx-408 ~ mx-410	10 ~ 21		0.159 ~ 0.994			落叶阔叶灌丛	类型 c	灌丛课题
毛刺锦鸡儿	xx-136	乌拉特中旗		mx-412	3.98 ± 1.82		0.18 ± 0.20	0.50 ± 0.19	[134.83 ± 1127.90]	落叶阔叶灌丛	类型 c	王晓江，1990
毛榛	xx-137	黑龙江省帽儿山森林生态系统国家野外科学观测站		mx-413	26.48 ~ 165.35			0.19 ~ 1.19	[1.83 ~ 23.63]	落叶阔叶灌丛	类型 a	黄劲松和邸雪颖，2011
茅栗	xx-138	安徽、湖南、江西、浙江、重庆	7067 ~ 134667	mx-414 ~ mx-419	90 ~ 570			0.7 ~ 4.15		落叶阔叶灌丛	类型 a	灌丛课题
美丽胡枝子	xx-139	湖北省长阳县		mx-420 ~ mx-421		31 ~ 64				落叶阔叶灌丛	类型 a	万里强和李向林，2001
美丽胡枝子	xx-140	中国科学院江西省千烟洲红壤丘陵综合开发试验站		mx-422 ~ mx-425	14.5 ~ 96	11.6 ~ 56.6		0.146 ~ 0.732	1.61 ~ 20.11	林下灌木层	类型 a	曾慧卿等，2006b
美丽胡枝子	xx-141	中国科学院千烟洲生态试验站		mx-426	47 ± 22	26 ± 11				林下灌木层	类型 a	曾慧卿等，2007
蒙古扁桃	xx-142	内蒙古	1433 ~ 7333	mx-427 ~ mx-431	10 ~ 100		0.031 ~ 0.898			落叶阔叶灌丛	类型 c	灌丛课题
蒙古扁桃	xx-143	内蒙古		mx-432 ~ mx-433						落叶阔叶灌丛	类型 c	孙威，2015
蒙古绣线菊	xx-144	内蒙古	7100	mx-434 ~ mx-439	25 ~ 83		0.019 ~ 0.363			落叶阔叶灌丛	类型 c	灌丛课题
蒙古绣线菊	xx-145	内蒙古		mx-440 ~ mx-441						落叶阔叶灌丛	类型 c	孙威，2015

续表

优势灌木物种	模型信息编号	研究区域或地点	植株密度/[株(丛)/hm^2]	模型编号	模型适用范围					灌丛类型	枝干形态	数据来源
					株高 H/cm	冠径 C/cm	植冠投影面积 A_c/m^2	基径 D/cm	总[地上]干重 TB[AGB]/g			
蒙古岩黄耆	xx-146	巴盟综合治沙站和中国林科院沙漠实验中心		mx-442						落叶阔叶灌丛	类型 c	李钢铁等，1998
蒙古岩黄耆	xx-147	内蒙古乌审旗		mx-443						落叶阔叶灌丛	类型 c	李钢铁等，1998
绵刺	xx-148	内蒙古	17467 ~ 40000	mx-444 ~ mx-448	6 ~ 35		0.006 ~ 0.187			稀疏灌木林	类型 c	灌丛课题
绵刺	xx-149	内蒙古		mx-449 ~ mx-450						落叶阔叶灌丛	类型 c	孙威，2015
膜果麻黄	xx-150	内蒙古		mx-451 ~ mx-452						落叶阔叶灌丛	类型 c	孙威，2015
牡荆	xx-151	中国科学院千烟洲生态试验站		mx-453	87 ± 29	32 ± 17				林下灌木层	类型 a	曾慧卿等，2007
牡荆	xx-152	中国科学院千烟洲试验站		mx-454	17 ~ 89			0.239 ~ 0.893	1.51 ~ 47.12	林下灌木层	类型 a	蔡哲等，2006
木荷	xx-153	福建、浙江	2933 ~ 98533	mx-455 ~ mx-459	15 ~ 435			0.1 ~ 3.8		常绿阔叶灌丛	类型 a	灌丛课题
南蛇藤	xx-154	湖北	26800 ~ 32533	mx-460 ~ mx-464	57 ~ 140			0.52 ~ 2.05		落叶阔叶灌丛	类型 a	灌丛课题
南烛	xx-155	安徽、福建、广东、湖南、江西、四川、浙江、重庆	5200 ~ 142000	mx-465 ~ mx-470	42 ~ 430			0.1 ~ 4		常绿阔叶灌丛	类型 a	灌丛课题
南烛	xx-156	中国科学院千烟洲生态试验站		mx-471 ~ mx-472	181 ± 68	47 ± 17				林下灌木层	类型 a	曾慧卿等，2007
柠条锦鸡儿	xx-157	甘肃民勤		mx-473	147 ~ 371			1.28 ~ 4.60	[67 ~ 2013]	落叶阔叶灌丛	类型 c	张士才，1989

续表

优势灌木物种	模型信息编号	研究区域或地点	植株密度/[株(丛)/hm²]	模型编号	模型适用范围					灌丛类型	枝干形态	数据来源
					株高 H/cm	冠径 C/cm	植冠投影面积 A_c/m²	基径 D/cm	总[地上]干重 TB[AGB]/g			
柠条锦鸡儿	xx-158	毛乌素沙区		mx-474					813	落叶阔叶灌丛	类型 c	于九如等，1993
柠条锦鸡儿	xx-159	内蒙古		mx-475	40 ~ 160		0.06 ~ 3.99		160 ~ 14260	落叶阔叶灌丛	类型 a	曾伟生等，2015
柠条锦鸡儿	xx-160	内蒙古		mx-476 ~ mx-477						落叶阔叶灌丛	类型 c	孙威，2015
柠条锦鸡儿	xx-161	内蒙古鄂尔多斯市杭锦旗库布其沙漠北缘		mx-478	224.03 ± 16.77	253 × 267		5.737 ± 0.812	5021.62 ± 316.24	落叶阔叶灌丛	类型 a	党晓宏等，2016
柠条锦鸡儿	xx-162	宁夏盐池县		mx-479	126 ± 2	161×158		0.98 ± 0.04	1968.83 ± 0.09	落叶阔叶灌丛	类型 a	王新云等，2013
柠条锦鸡儿	xx-163	山西省朔州市右玉县		mx-480 ~ mx-483	123.4 ± 43.31				[208.31 ± 154.39]	落叶阔叶灌丛	类型 a	李刚等，2014
糯米条	xx-164	湖南、重庆	18800 ~ 48267	mx-484 ~ mx-486	30 ~ 170			0.4 ~ 1.2		落叶阔叶灌丛	类型 a	灌丛课题
泡泡刺	xx-165	内蒙古	767 ~ 4833	mx-487 ~ mx-492	8 ~ 35		0.024 ~ 0.471			稀疏灌木林	类型 c	灌丛课题
泡泡刺	xx-166	内蒙古		mx-493						落叶阔叶灌丛	类型 c	孙威，2015
泡泡刺	xx-167	新疆		mx-494	22 ~ 57	106.65 × 85.95		1.17 ~ 4.35	125.40 ~ 2895.91	落叶阔叶灌丛	类型 c	艾沙江•吾斯曼，2012
槭	xx-168	吉林	149067	mx-495 ~ mx-498	30 ~ 225			0.544 ~ 1.712		落叶阔叶灌丛	类型 a	灌丛课题
青冈	xx-169	安徽、福建、浙江、重庆	9333 ~ 40133	mx-499 ~ mx-503	60 ~ 500			0.2 ~ 5.8		常绿阔叶灌丛	类型 a	灌丛课题
箬竹	xx-170	江西省井冈山自然保护区		mx-504	23 ~ 240*			0.182 ~ 1.036*	1.91 ~ 162.63*	林下灌木层	类型 a	林伟等，2010
三裂绣线菊	xx-171	内蒙古		mx-505 ~ mx-506						落叶阔叶灌丛	类型 a	孙威，2015

续表

优势灌木物种	模型信息编号	研究区域或地点	植株密度/[株(丛)/hm^2]	模型编号	模型适用范围					灌丛类型	枝干形态	数据来源
					株高 H/cm	冠径 C/cm	植冠投影面积 A_c/m^2	基径 D/cm	总[地上]干重 TB[AGB]/g			
三裂绣线菊	xx-172	山西陵川		mx-507 ~ mx-509	85.69 ± 25.15			0.62 ± 0.15		落叶阔叶灌丛	类型 a	茹文明，1993
沙冬青	xx-173	内蒙古	667 ~ 3367	mx-510 ~ mx-514	21 ~ 130		0.07 ~ 1.532			稀疏灌木林	类型 c	灌丛课题
沙冬青	xx-174	内蒙古		mx-515 ~ mx-516						落叶阔叶灌丛	类型 c	孙威，2015
沙拐枣	xx-175	内蒙古鄂尔多斯市杭锦旗库布其沙漠北缘		mx-517	132.05 ± 20.34	78 × 91		3.927 ± 0.751	894.46 ± 24.35	落叶阔叶灌丛	类型 c	党晓宏等，2016
沙拐枣	xx-176	中国林科院沙漠实验中心(内蒙古巴盟磴口)		mx-518						落叶阔叶灌丛	类型 c	李钢铁等，1998
沙棘	xx-177	关帝山		mx-519 ~ mx-521	58.72 ± 16.41			1.06 ± 0.41		落叶阔叶灌丛	类型 a	张峰和上官铁梁，1991
砂生槐	xx-178	陕西	15733 ~ 34800	mx-522 ~ mx-526	72 ~ 240			0.73 ~ 3.7		落叶阔叶灌丛	类型 a	灌丛课题
砂生槐	xx-179	西藏	4000 ~ 59867	mx-527 ~ mx-531	5 ~ 90		0.009 ~ 2.337			落叶阔叶灌丛	类型 c	灌丛课题
山刺玫	xx-180	吉林	95200 ~ 149067	mx-532 ~ mx-536	22 ~ 245			0.254 ~ 1.595		落叶阔叶灌丛	类型 a	灌丛课题
山矾	xx-181	中国科学院千烟洲生态试验站		mx-537	81 ± 49	51 ± 43				林下灌木层	类型 a	曾慧卿等，2007
山桂花	xx-182	浙江	46933 ~ 125733	mx-538 ~ mx-542	126 ~ 430			0.4 ~ 4.5		常绿阔叶灌丛	类型 a	灌丛课题
山胡椒	xx-183	安徽、福建、湖南、江苏、陕西、浙江	3867 ~ 47333	mx-543 ~ mx-547	110 ~ 380			0.5 ~ 4.1		落叶阔叶灌丛	类型 a	灌丛课题

续表

优势灌木物种	模型信息编号	研究区域或地点	植株密度/[株(丛)/hm^2]	模型编号	模型适用范围					灌丛类型	枝干形态	数据来源
					株高 H/cm	冠径 C/cm	植冠投影面积 A_c/m^2	基径 D/cm	总[地上]干重 TB[AGB]/g			
山鸡椒	xx-184	福建、贵州、湖南、江西、浙江	1333 ~ 82667	mx-548 ~ mx-553	80 ~ 495			0.3 ~ 9.4		落叶阔叶灌丛	类型 a	灌丛课题
山鸡椒	xx-185	江西省井冈山自然保护区		mx-554	36 ~ 124			0.248 ~ 0.99	1.85 ~ 34.32	林下灌木层	类型 a	林伟等，2010
山莓	xx-186	中国科学院千烟洲生态试验站		mx-555	49 ± 21	39 ± 22				林下灌木层	类型 a	曾慧卿等，2007
山莓	xx-187	中国科学院千烟洲试验站		mx-556	18 ~ 89.2			0.142 ~ 0.445	1 ~ 18.04	林下灌木层	类型 a	蔡哲等，2006
山杏	xx-188	北京、河北、黑龙江、内蒙古	933 ~ 7600	mx-557 ~ mx-561	55 ~ 270			0.3 ~ 6.5		落叶阔叶灌丛	类型 a	灌丛课题
山杏	xx-189	内蒙古		mx-562 ~ mx-563	30 ~ 200		0.04 ~ 22.05		30 ~ 48300	落叶阔叶灌丛	类型 a	曾伟生等，2015
山杏	xx-190	内蒙古		mx-564 ~ mx-565						落叶阔叶灌丛	类型 c	孙威，2015
山竹岩黄耆	xx-191	内蒙古鄂尔多斯市杭锦旗库布其沙漠北缘		mx-566	161.01 ± 21.10	193 × 224		4.4 ± 0.314	4102.97 ± 217.08	落叶阔叶灌丛	类型 c	党晓宏等，2016
杉木	xx-192	湖北省长阳县		mx-567 ~ mx-568		8 ~ 60				常绿针叶灌丛	类型 a	万里强和李向林，2001
石斑木	xx-193	安徽、福建、广东、浙江	12000 ~ 134667	mx-569 ~ mx-572	60 ~ 490			0.3 ~ 2.4		常绿阔叶灌丛	类型 a	灌丛课题
石斑木	xx-194	广东		mx-573	60 ~ 120	20 ~ 110		0.8 ~ 3.9	45.42 ~ 779.89	常绿阔叶灌丛	类型 a	张亚茹等，2013
疏毛绣线菊	xx-195	湖南	48267	mx-574 ~ mx-578	70 ~ 153			0.358 ~ 0.9		落叶阔叶灌丛	类型 a	灌丛课题

续表

优势灌木物种	模型信息编号	研究区域或地点	植株密度/[株(丛)/hm^2]	模型编号	模型适用范围					灌丛类型	枝干形态	数据来源
					株高 H/cm	冠径 C/cm	植冠投影面积 A_c/m^2	基径 D/cm	总[地上]干重 TB[AGB]/g			
栓皮栎	xx-196	安徽、广西、湖北、湖南、四川	8933～30933	mx-579～mx-584	81～600			0.7～13.376		落叶阔叶灌丛	类型 a	灌丛课题
水锦树	xx-197	湖北省长阳县		mx-585～mx-586		13～56				常绿阔叶灌丛	类型 a	万里强和李向林，2001
四川红淡（四川杨桐）	xx-198	中国科学院千烟洲生态试验站		mx-587	89±60	56±29				林下灌木层	类型 a	曾慧卿等，2007
四合木	xx-199	内蒙古	40000	mx-588～mx-592	10～46		0.019～0.948			稀疏灌木林	类型 c	灌丛课题
四合木	xx-200	内蒙古		mx-593～mx-594						落叶阔叶灌丛	类型 c	孙威，2015
酸枣	xx-201	山西省朔州市右玉县		mx-595～mx-598	82.85±33.44				[75.07±58.95]	落叶阔叶灌丛	类型 a	李刚等，2014
酸枣	xx-202	陕西	12933～31600	mx-599～mx-603	100～220			0.9～2.8		落叶阔叶灌丛	类型 a	灌丛课题
算盘子	xx-203	安徽、浙江	7067～106400	mx-604～mx-607	79～184			0.3～2.5		落叶阔叶灌丛	类型 a	灌丛课题
梭梭	xx-204	古尔班通古特沙漠		mx-608～mx-616				2～16	[180～27870]	落叶阔叶灌丛	类型 c	宋于洋和胡晓静，2011
梭梭	xx-205	内蒙古阿拉善盟吉兰太		mx-617						落叶阔叶灌丛	类型 c	李钢铁等，1998
梭梭	xx-206	内蒙古磴口		mx-618						落叶阔叶灌丛	类型 c	李钢铁等，1998
梭梭	xx-207	内蒙古鄂尔多斯市杭锦旗库布其沙漠北缘		mx-619	236.43±30.66	149×157		7.028±1.441	14598.88±754.41	落叶阔叶灌丛	类型 c	党晓宏等，2016

续表

优势灌木物种	模型信息编号	研究区域或地点	植株密度/[株(丛)/hm²]	模型编号	模型适用范围					灌丛类型	枝干形态	数据来源
					株高 H/cm	冠径 C/cm	植冠投影面积 A_c/m²	基径 D/cm	总[地上]干重 TB[AGB]/g			
梭梭	xx-208	新疆		mx-620	30 ~ 280	164 × 124		0.8 ~ 21.23	2765.03 ~ 39897.77	落叶阔叶灌丛	类型 c	艾沙江•吾斯曼，2012
梭梭	xx-209	新疆		mx-621 ~ mx-622	150 ~ 290			3.2 ~ 10.2	3240 ~ 15620	落叶阔叶灌丛	类型 c	赵成义等，2004
梭梭	xx-210	新疆古尔班通古特沙漠		mx-623 ~ mx-624					[300 ~ 40000]	落叶阔叶灌丛	类型 c	陶冶和张元明，2013
桃金娘	xx-211	广东		mx-625	40 ~ 160	15 ~ 80		0.5 ~ 8	22.32 ~ 912.62	常绿阔叶灌丛	类型 a	张亚茹等，2013
桃金娘	xx-212	广东、广西、海南、江西	1067 ~ 55467	mx-626	30 ~ 300			0.2 ~ 8		常绿阔叶灌丛	类型 a	灌丛课题
甜槠	xx-213	广东		mx-627	110 ~ 280	30 ~ 45		0.6 ~ 2.2	104.19 ~ 517.52	常绿阔叶灌丛	类型 a	张亚茹等，2013
铁凉伞	xx-214	江西省井冈山自然保护区		mx-628	12 ~ 354			0.348 ~ 1.579	4.49 ~ 165.12	林下灌木层	类型 a	林伟等，2010
铁仔	xx-215	江西省井冈山自然保护区		mx-629	10 ~ 190			0.185 ~ 1.721	0.64 ~ 198.43	林下灌木层	类型 a	林伟等，2010
铁仔	xx-216	陕西、重庆	14533 ~ 64667	mx-630 ~ mx-634	13 ~ 190			0.22 ~ 1.8		常绿阔叶灌丛	类型 a	灌丛课题
土庄绣线菊	xx-217	内蒙古	7100 ~ 31067	mx-635 ~ mx-640	20 ~ 105		0.028 ~ 0.691			落叶阔叶灌丛	类型 c	灌丛课题
土庄绣线菊	xx-218	内蒙古		mx-641 ~ mx-642						落叶阔叶灌丛	类型 c	孙威，2015
土庄绣线菊	xx-219	山西娄烦县云顶山		mx-643 ~ mx-645	85.71 ± 25.17			0.61 ± 0.16		落叶阔叶灌丛	类型 a	上官铁梁和张峰，1989
驼绒藜	xx-220	内蒙古	6000 ~ 17467	mx-646 ~ mx-651	8 ~ 42		0.014 ~ 0.259			稀疏灌木林	类型 c	灌丛课题

续表

优势灌木物种	模型信息编号	研究区域或地点	植株密度/[株(丛)/hm^2]	模型编号	模型适用范围					灌丛类型	枝干形态	数据来源
					株高 H/cm	冠径 C/cm	植冠投影面积 A_c/m^2	基径 D/cm	总[地上]干重 TB[AGB]/g			
驼绒藜	xx-221	腾格里沙漠东南缘		mx-652～mx-656						落叶阔叶灌丛	类型 c	杨昊天等，2013
卫矛	xx-222	黑龙江省帽儿山森林生态系统国家野外科学观测站		mx-657	25.95～73.16			0.37～0.97	[0.78～7.16]	落叶阔叶灌丛	类型 a	黄劲松和邸雪颖，2011
乌苏里绣线菊	xx-223	黑龙江省帽儿山森林生态系统国家野外科学观测站		mx-658	42.59～150.86			0.21～0.81	[0.55～19.25]	落叶阔叶灌丛	类型 a	黄劲松和邸雪颖，2011
乌药	xx-224	安徽、福建、湖南、浙江	4133～142000	mx-659～mx-664	40～240			0.2～2.47		常绿阔叶灌丛	类型 a	灌丛课题
西藏锦鸡儿	xx-225	内蒙古	31200	mx-665～mx-669	7～21		0.013～0.353			落叶阔叶灌丛	类型 c	灌丛课题
细枝岩黄耆	xx-226	巴盟综合治沙站和中国林科院沙漠实验中心		mx-670						落叶阔叶灌丛	类型 c	李钢铁等，1998
细枝岩黄耆	xx-227	毛乌素沙区		mx-671					1397	落叶阔叶灌丛	类型 c	于九如等，1993
细枝岩黄耆	xx-228	内蒙古鄂尔多斯市杭锦旗库布其沙漠北缘		mx-672	133.12±14.82	181×167		3.484±0.817	915.08±87.14	落叶阔叶灌丛	类型 c	党晓宏等，2016
狭叶锦鸡儿	xx-229	内蒙古	2133～40000	mx-673～mx-677	7～30		0.002～0.165			落叶阔叶灌丛	类型 c	灌丛课题
狭叶锦鸡儿	xx-230	内蒙古		mx-678～mx-679						落叶阔叶灌丛	类型 c	孙威，2015
狭叶锦鸡儿	xx-231	乌拉特中旗		mx-680	19.88±6.17		0.55±0.58	1.05±1.49	[392.83±2605.67]	落叶阔叶灌丛	类型 c	王晓江，1990
小果蔷薇	xx-232	湖北省长阳县		mx-681～mx-682		22～112				落叶阔叶灌丛	类型 a	万里强和李向林，2001

续表

优势灌木物种	模型信息编号	研究区域或地点	植株密度/[株(丛)/hm^2]	模型编号	模型适用范围					灌丛类型	枝干形态	数据来源
					株高 H/cm	冠径 C/cm	植冠投影面积 A_c/m^2	基径 D/cm	总[地上]干重 TB[AGB]/g			
小叶锦鸡儿	xx-233	甘肃省玛曲县		mx-683	18 ~ 37.7	12.8 ~ 26.3	0.01 ~ 0.066		[37.8 ~ 72.3]	落叶阔叶灌丛	类型 c	张贞明和韩天虎，2008
小叶锦鸡儿	xx-234	科尔沁沙地		mx-684	190	320 × 287			603.95 ~ 3866.18	落叶阔叶灌丛	类型 c	牛存洋等，2013
小叶锦鸡儿	xx-235	内蒙古		mx-685 ~ mx-686						落叶阔叶灌丛	类型 c	孙威，2015
兴安杜鹃	xx-236	黑龙江	1600	mx-687 ~ mx-690	20 ~ 50			0.35 ~ 1.1		落叶阔叶灌丛	类型 a	灌丛课题
兴安胡枝子	xx-237	吉林	498667	mx-691	25 ~ 85			0.141 ~ 0.272		落叶阔叶灌丛	类型 a	灌丛课题
绣线菊	xx-238	吉林、内蒙古、陕西	16400 ~ 78933	mx-692 ~ mx-696	50 ~ 193			0.253 ~ 1.886		落叶阔叶灌丛	类型 a	灌丛课题
绣线菊	xx-239	山西省太岳林区灵空山林场		mx-697 ~ mx-699	188			1.3		落叶阔叶灌丛	类型 a	陈遐林和张国华，2002
雪层杜鹃	xx-240	西藏	13867 ~ 44000	mx-700 ~ mx-705	10 ~ 90		0.008 ~ 1.58			常绿阔叶灌丛	类型 c	灌丛课题
烟管荚蒾	xx-241	湖北、重庆	15333 ~ 42667	mx-706 ~ mx-710	24 ~ 380			0.42 ~ 3.7		落叶阔叶灌丛	类型 a	灌丛课题
盐肤木	xx-242	安徽、福建、湖北、湖南、江西、陕西、四川、云南、浙江、重庆	2800 ~ 63333	mx-711 ~ mx-715	52 ~ 600			0.478 ~ 6.1		落叶阔叶灌丛	类型 a	灌丛课题
盐肤木	xx-243	湖北省长阳县		mx-716 ~ mx-717		22 ~ 100				落叶阔叶灌丛	类型 a	万里强和李向林，2001
盐肤木	xx-244	中国科学院千烟洲生态试验站		mx-718	79 ± 89	62 ± 46				林下灌木层	类型 a	曾慧卿等，2007

续表

优势灌木物种	模型信息编号	研究区域或地点	植株密度/[株(丛)/hm²]	模型编号	模型适用范围					灌丛类型	枝干形态	数据来源
					株高 H/cm	冠径 C/cm	植冠投影面积 A_c/m²	基径 D/cm	总[地上]干重 TB[AGB]/g			
盐节木	xx-245	新疆		mx-719	15 ~ 45	64.38 × 50.96		1.67 ~ 2.67	412.83 ~ 4008.39	落叶阔叶灌丛	类型 c	艾沙江•吾斯曼，2012
盐穗木	xx-246	新疆		mx-720	51 ~ 100	139.86 × 111.02		4.4 ~ 8.55	1080.79 ~ 10513.8	落叶阔叶灌丛	类型 c	艾沙江•吾斯曼，2012
盐爪爪	xx-247	腾格里沙漠东南缘		mx-721 ~ mx-726						落叶阔叶灌丛	类型 c	杨昊天等，2013
盐爪爪	xx-248	新疆		mx-727	18 ~ 37	96.71 × 68 .75		2.61 ~ 4.49	1233.32 ~ 2887.67	落叶阔叶灌丛	类型 c	艾沙江•吾斯曼，2012
杨桐	xx-249	福建、江西	19600 ~ 48667	mx-728 ~ mx-733	110 ~ 322			0.6 ~ 4.1		常绿阔叶灌丛	类型 a	灌丛课题
野花椒	xx-250	四川		mx-734 ~ mx-738	50 ~ 428	20 ~ 185		0.687 ~ 4.676	37.847 ~ 918.946	落叶阔叶灌丛	类型 a	王玲，2009
野漆	xx-251	江西省井冈山自然保护区		mx-739	32 ~ 78			0.265 ~ 0.838	1.82 ~ 22.30	林下灌木层	类型 a	林伟等，2010
腋花杜鹃	xx-252	四川、云南		mx-740 ~ mx-742						常绿阔叶灌丛	类型 c	谢宗强等，2019
宜昌荚蒾	xx-253	湖北省长阳县		mx-743 ~ mx-744		21 ~ 125				落叶阔叶灌丛	类型 a	万里强和李向林，2001
宜昌木蓝	xx-254	湖北省长阳县		mx-745 ~ mx-746		7 ~ 78				落叶阔叶灌丛	类型 a	万里强和李向林，2001
油茶	xx-255	福建、湖南、江西	7733 ~ 48667	mx-747 ~ mx-752	80 ~ 400			0.5 ~ 6.1		常绿阔叶灌丛	类型 a	灌丛课题
余甘子	xx-256	广西、贵州、四川、云南	2000 ~ 57067	mx-753 ~ mx-758	50 ~ 530			0.669 ~ 10.061		落叶阔叶灌丛	类型 a	灌丛课题

续表

优势灌木物种	模型信息编号	研究区域或地点	植株密度/[株(丛)/hm^2]	模型编号	模型适用范围					灌丛类型	枝干形态	数据来源
					株高 H/cm	冠径 C/cm	植冠投影面积 A_c/m^2	基径 D/cm	总[地上]干重 TB[AGB]/g			
长梗扁桃	xx-257	内蒙古	4367	mx-759 ~ mx-763	15 ~ 35		0.021 ~ 0.396			落叶阔叶灌丛	类型 c	灌丛课题
长梗扁桃	xx-258	内蒙古		mx-764 ~ mx-765						落叶阔叶灌丛	类型 c	孙威，2015
长穗柽柳	xx-259	新疆吐鲁番		mx-766 ~ mx-768	290			4.07	[27520]	落叶阔叶灌丛	类型 c	安尼瓦尔和尹林克，1997
长托菝葜	xx-260	中国科学院千烟洲生态试验站		mx-769	38 ± 13	28 ± 12				林下灌木层	类型 a	曾慧卿等，2007
长托菝葜	xx-261	中国科学院千烟洲试验站		mx-770	14 ~ 65			0.092 ~ 0.424	0.56 ~ 39.35	林下灌木层	类型 a	蔡哲等，2006
珍珠花	xx-262	内蒙古	2633 ~ 38667	mx-771 ~ mx-774	10 ~ 34		0.016 ~ 0.18			落叶阔叶灌丛	类型 c	灌丛课题
珍珠梅	xx-263	吉林	65067 ~ 170000	mx-775 ~ mx-779	36 ~ 226			0.337 ~ 2.436		落叶阔叶灌丛	类型 a	灌丛课题
珍珠猪毛菜	xx-264	腾格里沙漠东南缘		mx-780 ~ mx-784						落叶阔叶灌丛	类型 c	杨昊天等，2013
榛	xx-265	黑龙江、吉林、内蒙古、四川	2000 ~ 151867	mx-785 ~ mx-789	31 ~ 255			0.2 ~ 1.78		落叶阔叶灌丛	类型 a	灌丛课题
榛	xx-266	山西省太岳林区灵空山林场		mx-790 ~ mx-792	120			1.1		落叶阔叶灌丛	类型 a	陈遐林和张国华，2002
栀子	xx-267	广东、浙江	42000 ~ 155467	mx-793 ~ mx-797	29 ~ 270			0.3 ~ 2.1		常绿阔叶灌丛	类型 a	灌丛课题
栀子	xx-268	中国科学院江西省千烟洲红壤丘陵综合开发试验站		mx-798 ~ mx-801	18 ~ 112	11 ~ 87.5		0.386 ~ 1.34	1.90 ~ 81.39	林下灌木层	类型 a	曾慧卿等，2006b

续表

优势灌木物种	模型信息编号	研究区域或地点	植株密度/[株(丛)/hm²]	模型编号	模型适用范围					灌丛类型	枝干形态	数据来源
					株高 H/cm	冠径 C/cm	植冠投影面积 A_c/m^2	基径 D/cm	总[地上]干重 TB[AGB]/g			
栀子	xx-269	中国科学院千烟洲生态试验站		mx-802	70 ± 54	37 ± 29				林下灌木层	类型 a	曾慧卿等，2007
中间锦鸡儿	xx-270	内蒙古毛乌素沙地		mx-803 ~ mx-807	35 ~ 180		0.35 ~ 4.90		200 ~ 13070	落叶阔叶灌丛	类型 c	刘陟, 2014
中间锦鸡儿	xx-271	乌拉特中旗		mx-808	20.86 ± 6.38		0.35 ± 0.30	1.13 ± 0.46	[345.48 ± 2024.05]	落叶阔叶灌丛	类型 c	王晓江，1990
中麻黄	xx-272	内蒙古、新疆	767 ~ 4333	mx-809 ~ mx-813	20 ~ 56		0.028 ~ 1.838			稀疏灌木林	类型 c	灌丛课题
中平树	xx-273	云南	2267 ~ 4667	mx-814 ~ mx-818	150 ~ 600			0.955 ~ 4.777		稀疏灌木林	类型 a	灌丛课题
紫丁香	xx-274	山西省太岳林区灵空山林场		mx-819 ~ mx-821	250			3		落叶阔叶灌丛	类型 a	陈遐林和张国华，2002
紫珠	xx-275	中国科学院千烟洲试验站		mx-822	18 ~ 102			0.167 ~ 1.535	1.09 ~ 100.75	林下灌木层	类型 a	蔡哲等，2006

* 表示变量范围为检验样本的

表 2.2　基于文献的混合物种模型信息表

优势灌木物种	模型信息编号	研究区域或地点	模型编号	模型适用范围				数据来源
				株高 H/cm	冠径 C/cm	基径 D/cm	总干重 TB/g	
沙针、坡柳、石栎、虾子花、朝天罐、水锦树、悬钩子、铁刀木、算盘子、酸藤子、余甘子	xx-276	云南省临沧市，膏桐种植区	mx-823 ~ mx-825	70 ~ 570		0.8 ~ 4.9	132 ~ 4832	王俊峰，2012
驼绒藜、盐爪爪、珍珠猪毛菜、红砂	xx-277	腾格里沙漠，荒漠生态系统	mx-826 ~ mx-831					杨昊天，2013
四川红淡、格药柃、栀子、满树星、美丽胡枝子、檵木、白栎、杜鹃、盐肤木、山莓、长托菝葜、山矾、白檀、轮叶蒲桃、南烛、牡荆	xx-278	江西千烟洲红壤丘陵区，林下灌木层	mx-832	30.2±12.8 ~ 181.31±67.77	26.39±11.01 ~ 98.62±49.08			曾慧卿，2007
大白杜鹃、白背杜鹃、金顶杜鹃、小鞍叶羊蹄甲	xx-279	四川、云南	mx-833 ~ mx-835					谢宗强等，2019
千里香杜鹃、密枝杜鹃、裂毛雪山杜鹃、草原杜鹃、头花杜鹃、金背杜鹃	xx-280	青海、四川、云南	mx-836 ~ mx-838					谢宗强等，2019
千果榄仁、香合欢、岗柃、胡颓子、滇橋木姜子、盐肤木	xx-281	四川、云南	mx-839 ~ mx-841					谢宗强等，2019
小果蔷薇、绢毛蔷薇	xx-282	贵州、四川、云南	mx-842 ~ mx-844					谢宗强等，2019
一担柴、银柴、银叶锥、锐齿槲栎、唐梨	xx-283	四川、云南	mx-845 ~ mx-847					谢宗强等，2019
高山柏、香柏	xx-284	四川、西藏	mx-848 ~ mx-850					谢宗强等，2019
红棕杜鹃、单色杜鹃	xx-285	西藏	mx-851 ~ mx-853					谢宗强等，2019

表 2.3　作者构建的混合物种模型信息表

植被分区	枝干形态	模型信息编号	研究区域或地点	模型编号	模型适用范围		
					基径 D/cm（植冠投影面积 A_c/m²）	株高 H/m	D^2H/cm²m（植冠投影体积 V_c/m³）
温带针叶、落叶阔叶混交林区域	类型 a	xx-286	黑龙江、吉林	mx-854 ~ mx-858	0.13 ~ 3.3	0.23 ~ 2.13	0.008 ~ 23.224
暖温带落叶阔叶林区域	类型 a	xx-287	北京、河北、江苏、陕西	mx-859	0.7 ~ 3.47	0.7 ~ 3.97	0.343 ~ 28.898
亚热带常绿阔叶林区域	类型 a	xx-288	安徽、福建、广东、广西、贵州、湖北、湖南、江苏、江西、陕西、上海、四川、云南、浙江、重庆	mx-860 ~ mx-864	0.2 ~ 10.3	0.11 ~ 6	0.012 ~ 431.664
温带草原区域	类型 a	xx-289	河北、内蒙、陕西	mx-865	0.5 ~ 10.6	0.5 ~ 2.5	0.2 ~ 141.574
温带荒漠区域	类型 a	xx-290	青海	mx-866	3.5 ~ 10.51	0.32 ~ 1.51	7.35 ~ 166.795
亚热带常绿阔叶林区域	类型 c	xx-291	四川、西藏	mx-867	(0.13 ~ 2)	0.007 ~ 2.545	(0.003 ~ 4.835)
温带草原区域	类型 c	xx-292	内蒙	mx-868 ~ mx-872	(0.05 ~ 1.3)	0.003 ~ 1.649	(0.001 ~ 1.484)
温带荒漠区域	类型 c	xx-293	内蒙、新疆	mx-873 ~ mx-878	(0.005 ~ 1)	0.047 ~ 3.017	(0.004 ~ 1.594)
青藏高原高寒植被区域	类型 c	xx-294	青海、四川、西藏	mx-879 ~ mx-884	(0.06 ~ 1.8)	0.004 ~ 4.909	(0.001 ~ 3.534)

第 3 章　中国主要灌木物种生物量模型参数

这里列出了目前所能收集到的我国各地区主要灌木物种的生物量模型，结合“灌丛课题”所构建的灌丛优势物种生物量模型，共同构成中国灌木生物量模型数据库。通过第 2 章的灌木生物量模型信息表，可以方便、快速地检索出所需要灌木生物量模型及模型适用的研究区域和灌木个体大小的范围等信息。

对于灌木各器官的记录，遵从模型来源研究中的记录。使用模型时，需要特别注意模型信息表中列出的各模型适用的基径、株高、基径平方与株高的乘积（D^2H）、冠幅投影面积（A_c）、冠幅投影体积（V_c）等测树指标的范围，以及模型适用的区域。在模型适用范围以外的区域或灌木个体大小超出了模型的适用范围的情况下使用模型，应该使用部分灌木个体的实测数据检验模型的适用性。

生物量模型参数表（表 3.1~表 3.3）中各项内容含义如下。

（1）自变量和模型形式两列中。

D：基径，地面高度 5cm 处的树干直径。

D_{10}：基径，地面高度 10cm 处的树干直径。

C：冠幅长度。

H：植株高度。

D^2H 或 $D_{10}{}^2H$：基径平方与株高的乘积。

A_c：冠幅投影面积。

V_c：冠幅投影体积。

N：植株的分枝条数。

M：对应器官的干质量。

M_a：地上部分的干质量。

其他字母或符号的具体含义，在对应的“备注”列加以说明。

（2）模型各变量单位一列中对模型中各变量的单位作了详细记录。

（3）模型系数列中。

a、b、c、d 为模型系数，cf 为幂函数模型中由对数单位($\ln M$)转换为测量单位(M)时的标准误修正因子。

（4）统计信息列中。

n：参与建模的样本数。

R^2：调整后的决定系数(adj-R^2)。

[R]：模型的相关系数。

FI：幂函数模型的拟合指数(fitness index)。

（5）模型验证列中。

n：模型验证的样本数。

b：模型预测值对实测值回归拟合的斜率(截距项设定为 0)。

R^2：模型预测值对实测值回归的决定系数(adj-R^2)。

[R]：模型预测值与实测值之间的相关系数。

RE：模型预测值与实测值间的相对误差。

（6）表中空白单元格表示缺乏的数据(或缺乏其他相关信息)。

表 3.1　灌木单物种模型参数表

优势灌木物种	模型编号	器官	自变量	模型形式	模型系数					统计信息			模型验证				模型各变量单位				
					a	b	c	d	cf	n	R^2 [R]	FI	n	b	R^2 [R]	RE	H	C	A_c	D	M
矮高山栎	mx-1	叶	V_c	$M=a+b\times V_c$	0.014	1.083					0.9										
矮高山栎	mx-2	茎	V_c	$M=a+b\times V_c$	0.054	1.757					0.962										
矮高山栎	mx-3	地下	V_c	$M=a+b\times V_c$	0.032	4.544					0.963										
矮脚锦鸡儿	mx-4	叶	V_c	$M=aV_c^b$	0.0306	0.6026			1.0638	16		0.7969	6	1.0110	0.9174	−0.0508	m		m^2		kg
矮脚锦鸡儿	mx-5	茎	V_c	$M=aV_c^b$	0.3164	0.7296			1.0922	16		0.7690	6	0.9642	0.8892	−0.0408	m		m^2		kg
矮脚锦鸡儿	mx-6	地上	V_c	$M=aV_c^b$	0.3493	0.7136			1.0707	16		0.8032	6	0.9699	0.9100	−0.0303	m		m^2		kg
矮脚锦鸡儿	mx-7	地下	M_a	$M=aM_a^b$	0.1953	0.7579			1.1206	16		0.7408	6	0.9573	0.8750	−0.0516	m		m^2	cm	kg
矮脚锦鸡儿	mx-8	整株	V_c	$M=aV_c^b$	0.4610	0.6730			1.0660	15		0.8190	5	0.9980	0.9190	0.0445	m		m^2		kg
矮脚锦鸡儿	mx-9	地上	C	$M=aC^b$	276.01	2.32				22	0.847							m			
矮脚锦鸡儿	mx-10	地下	V_c	$M=aV_c^b$	138.11	0.63				22	0.698						m		m^2		
菝葜	mx-11	当年枝叶	C	$M=a\times C$	0.5625					15	0.9699							cm			g
菝葜	mx-12	地上	C	$M=a\times C$	0.7915					15	0.9659							cm			g
霸王	mx-13	叶	V_c	$M=aV_c^b$	0.0720	0.6097			1.1513	28		0.5058	10	0.9182	0.8458	−0.0432	m		m^2		kg
霸王	mx-14	茎	A_c	$M=a+b\times A_c$	0.0249	0.6083				29	0.5734		10	0.9033	0.8535	−0.0385	m		m^2		kg
霸王	mx-15	地上	A_c	$M=a+b\times A_c$	0.0326	0.6656				29	0.6113		10	0.9034	0.8650	−0.0269	m		m^2		kg
霸王	mx-16	地下	V_c	$M=aV_c^b$	0.4558	0.9568			1.2390	29		0.4060	10	0.9365	0.7073	−0.1503	m		m^2		kg
霸王	mx-17	整株	A_c	$M=a+b\times A_c$	0.0130	1.0900				26	0.6970		9	0.9220	0.8880	0.0272	m		m^2		kg
霸王	mx-18	地上	V_c	$M=aV_c^b$	847.79	0.62				39	0.692						m		m^2		
霸王	mx-19	地下	V_c	$M=aV_c^b$	487.02	0.82				39	0.535						m		m^2		
霸王	mx-20	整株	D^2H	$M=a(D^2H)^b$	6.4962	0.8575				7	0.983						cm			cm	g
白背叶	mx-21	茎	D^2H	$M=a(D^2H)^b$	0.0226	0.9891			1.0333	12		0.8935	4	0.9787	0.9615	−0.0083	m			cm	kg
白背叶	mx-22	地上	D^2H	$M=a(D^2H)^b$	0.0335	0.9188			1.0320	12		0.8406	4	1.0049	0.9559	−0.0266	m			cm	kg
白背叶	mx-23	整株	D^2H	$M=a(D^2H)^b$	0.0710	0.7300			1.0430	10		0.8140	4	0.9760	0.9420	0.0147	m			cm	kg
白刺	mx-24	叶	V_c	$M=aV_c^b$	0.0379	0.3879			1.2016	30		0.1958	10	0.8912	0.7092	−0.1033	m		m^2		kg

续表

优势灌木物种	模型编号	器官	自变量	模型形式	模型系数					统计信息			模型验证				模型各变量单位				
					a	b	c	d	cf	n	R^2 [R]	FI	n	b	R^2 [R]	RE	H	C	A_c	D	M
白刺	mx-25	当年枝	V_c	$M=a+b\times V_c$	0.0000	0.1049				25	0.7859		8	0.9315	0.8159	–0.0282	m		m^2		kg
白刺	mx-26	茎	V_c	$M=aV_c^b$	0.2964	0.6145			1.1744	30		0.4745	10	0.9946	0.8098	–0.1164	m		m^2		kg
白刺	mx-27	地上	V_c	$M=aV_c^b$	0.3365	0.5687			1.1362	30		0.5084	10	0.9841	0.8230	–0.0926	m		m^2		kg
白刺	mx-28	地下	V_c	$M=a+b\times V_c$	0.0485	0.3115				31	0.6110		10	0.7799	0.7053	–0.0526	m		m^2		kg
白刺	mx-29	整株	V_c	$M=aV_c^b$	0.6180	0.5470			1.1050	28		0.7980	9	0.9580	0.8990	0.0455	m		m^2		kg
白刺	mx-30	地上	V_c	$M=aV_c^b$	304.95	0.43				41	0.569						m		m^2		
白刺	mx-31	地下	A_c	$M=aA_c^b$	205.9	1				41	0.645								m^2		
白花柽柳	mx-32	叶	D^2H	$M=a(D^2H)^b$	0.8054	0.3665				22	0.9968						m			cm	kg
白花柽柳	mx-33	茎枝	D^2H	$M=a(D^2H)^b$	3.0956	0.3678				22	0.9966						m			cm	kg
白花柽柳	mx-34	地上	D^2H	$M=a(D^2H)^b$	0.5839	0.9998				22	0.9999						m			cm	kg
白梾	mx-35	叶	D^2H	$M=a(D^2H)^b$	0.0128	0.6598			1.4448	242		0.3919	80	0.8714	0.6597	–0.1306	m			cm	kg
白梾	mx-36	当年枝	D^2H	$M=a(D^2H)^b$	0.0047	0.6166			1.3790	114		0.4411	38	0.8991	0.6900	–0.1413	m			cm	kg
白梾	mx-37	茎	D^2H	$M=a(D^2H)^b$	0.0351	0.8489			1.2742	250		0.8098	83	1.1349	0.8689	–0.1572	m			cm	kg
白梾	mx-38	地上	D^2H	$M=a+b\times D^2H$	0.1427	0.0173				253	0.7935		84	0.8522	0.8484	–0.0088	m			cm	kg
白梾	mx-39	地下	M_a	$M=aM_a^b$	0.6437	0.7656			1.4219	251		0.4587	84	0.9545	0.6760	–0.2116	m		m^2	cm	kg
白梾	mx-40	整株	D^2H	$M=a+b\times D^2H$	0.3400	0.0250				229	0.7260		76	0.8200	0.8160	0.0153	m			cm	kg
白梾	mx-41	当年枝叶	C	$M=a\times C$	0.6165					15	0.937							cm			g
白梾	mx-42	地上	C	$M=a\times C$	1.1214					15	0.9003							cm			g
白梾[1]	mx-43	整株	V_c	$M=aV_c^b$	590.603	0.797			1.367	34		0.531					m		m^2		g
白马骨[1]	mx-44	叶	D^2H	$M=a+b\times D^2H+c\times(D^2H)^2$	0.2433	0.101	–0.0002			≥25	0.9591						cm			mm	g
白马骨[1]	mx-45	茎	D^2H	$M=a+b\times D^2H+c\times(D^2H)^2$	0.7906	0.2258	0.0002			≥25	0.9713						cm			mm	g
白马骨[1]	mx-46	地下	D、C、H	$M=a+b\times D+c\times C+d\times H$	–1.313	0.789	0.015	–0.017		≥25	0.798						cm	cm		mm	g

续表

优势灌木物种	模型编号	器官	自变量	模型形式	模型系数					统计信息			模型验证				模型各变量单位				
					a	b	c	d	cf	n	R^2 [R]	FI	n	b	R^2 [R]	RE	H	C	A_c	D	M
白马骨[①]	mx-47	整株	D^2H	$M=a+b\times D^2H+c\times(D^2H)^2$	1.9432	0.4187	−0.0005			≥25	0.9311						cm			mm	g
白沙蒿	mx-48	整株	H、A_c	$M=a+b\times H+c\times A_c$	−0.0471	0.2049	0.2114				[0.8748]					0.08～0.59					kg
白檀[①]	mx-49	整株	A_c	$M=a+b\times A_c+c\times A_c^2$	2.736	56.085	119.763			19		0.933							m²		g
柏拉木[①]	mx-50	整株	D	$M=aD^b$	0.32	2.421				12~15	0.973						m			mm	g
暴马丁香	mx-51	地上	D_{10}	$M=aD_{10}^b$	17.771	2.105				58	0.532					0.1688					
北沙柳	mx-52	叶	V_c	$M=aV_c^b$	0.0362	0.4766			1.0906	20		0.4838	7	0.9267	0.8639	−0.0355	m		m²		kg
北沙柳	mx-53	当年枝	V_c	$M=aV_c^b$	0.0243	0.6150			1.2075	18		0.4831	6	0.9321	0.8205	−0.0783	m		m²		kg
北沙柳	mx-54	茎	V_c	$M=a+b\times V_c$	0.0677	0.1098				20	0.5860		7	0.8958	0.8311	−0.0429	m		m²		kg
北沙柳	mx-55	地上	V_c	$M=aV_c^b$	0.2062	0.5419			1.1655	20		0.5407	7	0.9022	0.8440	−0.0600	m		m²		kg
北沙柳	mx-56	地下	V_c	$M=aV_c^b$	0.0940	0.5548			1.0753	20		0.6329	7	0.9417	0.8984	−0.0284	m		m²		kg
北沙柳	mx-57	整株	V_c	$M=aV_c^b$	0.3090	0.5400			1.0820	18		0.6160	6	0.9340	0.8830	0.0308	m		m²		kg
北沙柳	mx-58	地上	V_c	$M=aV_c^b$	319.12	0.7				30	0.388						m		m²		
北沙柳	mx-59	地下	V_c	$M=aV_c^b$	5134.29	0.67				30	0.338						m		m²		
北沙柳	mx-60	叶	A_c	$M=aA_c^b$	0.26	1.011				30~40	0.642					0.0489	m		m²		kg
北沙柳	mx-61	茎	A_c	$M=aA_c^b$	1.049	1.169				30~40	0.795					−0.084	m		m²		kg
北沙柳	mx-62	地上	A_c	$M=aA_c^b$	1.313	1.147				30~40	0.795					−0.0771	m		m²		kg
北沙柳	mx-63	地下	V_c	$M=aV_c^b$	0.577	0.857				30~40	0.594					0.22%	m		m²		kg
北沙柳	mx-64	整株	A_c	$M=aA_c^b$	2.472	1.044				30~40	0.717					0.0633	m		m²		kg
北沙柳	mx-65	地上	H	$M=ae^{bH}$	0.0356	1.5839					[0.778]						cm		m²	cm	kg
变色锦鸡儿	mx-66	叶	A_c	$M=aA_c^b$	0.1528	1.1486			1.1480	14		0.8962	4	1.0838	0.9244	−0.1090	m		m²		kg
变色锦鸡儿	mx-67	地上	A_c	$M=a+b\times A_c$	0.0021	0.7818				14	0.9636		4	0.9787	0.9170	−0.0123	m		m²		kg
变色锦鸡儿	mx-68	整株	A_c	$M=aA_c^b$	2.3000	1.2200			1.1240	12		0.8970	4	1.1990	0.9090	0.2264	m		m²		kg
草麻黄	mx-69	整株	D^2H	$M=a(D^2H)^b$	5.6834	0.8718				36	0.882						cm			cm	g

续表

优势灌木物种	模型编号	器官	自变量	模型形式	模型系数					统计信息			模型验证				模型各变量单位				
					a	b	c	d	cf	n	R^2 [R]	FI	n	b	R^2 [R]	RE	H	C	A_c	D	M
柽柳	mx-70	整株	C、H	$M=a+b\times CH+c\times(CH)^2$	−785.98	0.236	3.21×10^{-6}			19	0.925						cm	cm			g
柽柳	mx-71	叶	N、H、D	$M=a(NHD)^b$	0.002	1.552				30	0.687		6			−1.45%	cm			cm	
柽柳	mx-72	枝	N、H、D	$M=a(NHD)^b$	0.015	1.283				30	0.758						cm			cm	
柽柳	mx-73	茎	N、H、D	$M=a(NHD)^b$	0.015	1.346				30	0.751						cm			cm	
柽柳	mx-74	地上	N、H、D	$M=a(NHD)^b$	0.033	1.305				30	0.793						cm			cm	
柽柳	mx-75	地下	N、H、D	$M=a(NHD)^b$	0.046	1.071				30	0.814		6			−7.87%	cm			cm	
柽柳	mx-76	整株	N、H、D	$M=a(NHD)^b$	0.077	1.198				30	0.836						cm			cm	
柽柳	mx-77	茎	D^2H	$M=a(D^2H)^b$	2.007	0.837				50	0.908		30			0.1008	cm			cm	g
柽柳	mx-78	整株	D^2H	$M=a(D^2H)^b$	0.0687	0.9597				54	0.9932						cm			cm	g
柽柳	mx-79	地下	M_a	$M=aM_a^b$	5.5177	0.8346					0.8208										kg
秤星树	mx-80	整株	V_c	$M=a+b\times V_c$	2.188	1629.931				6	0.974						m		m^2		g
赤楠	mx-81	叶	D^2H	$M=a(D^2H)^b$	0.0094	0.5526			1.5910	25		0.3095	8	0.8968	0.7250	−0.2001	m			cm	kg
赤楠	mx-82	茎	D^2H	$M=a(D^2H)^b$	0.0357	0.8595			1.1650	26		0.6418	8	0.8849	0.8983	−0.0190	m			cm	kg
赤楠	mx-83	地上	D^2H	$M=a+b\times D^2H$	−0.0145	0.0425				26	0.7739		8	1.0408	0.8930	−0.0591	m			cm	kg
赤楠	mx-84	地下	M_a	$M=aM_a^b$	0.4391	0.7222			1.2116	26		0.7709	9	0.9286	0.8858	−0.0604	m		m^2	cm	kg
赤楠	mx-85	整株	D^2H	$M=a(D^2H)^b$	0.0980	0.7130			1.2450	23		0.6170	8	0.9060	0.8660	0.0842	m			cm	kg
赤楠[①]	mx-86	整株	D^2H	$M=a+b\times D^2H$	4.299	0.004				12~15	0.968						m			mm	g
赤杨叶[①]	mx-87	整株	D^2H	$M=a+b\times D^2H$	1.262	0.002				12~15	0.941						m			mm	g
翅果油树	mx-88	叶	C、H	$M=a+b\times CH$	−15.4801	16.301				13	0.928					0.0259					

续表

优势灌木物种	模型编号	器官	自变量	模型形式	模型系数					统计信息			模型验证				模型各变量单位				
					a	b	c	d	cf	n	R^2 [R]	FI	n	b	R^2 [R]	RE	H	C	A_c	D	M
翅果油树	mx-89	茎	C、H	$M=a+b\times CH$	−82.1221	86.427				13	0.9283					0.0253					
翅果油树	mx-90	地下	C、H	$M=a+b\times CH$	−90.4265	95.1447				13	0.9283					0.0253					
川滇高山栎	mx-91	叶	D_{10}^2H	$M=a+b\times D_{10}^2H$	0.006	0.003				24	[0.992]						m			cm	
川滇高山栎	mx-92	枝	D_{10}^2H	$M=a(D_{10}^2H)^b$	0.007	0.843				24	[0.996]						m			cm	
川滇高山栎	mx-93	茎	D_{10}^2H	$M=a+b\times D_{10}^2H$	−0.014	0.017				24	[0.994]						m			cm	
川滇高山栎	mx-94	皮	D_{10}^2H	$M=a(D_{10}^2H)^b$	0.028	0.876				24	[0.968]						m			cm	
川滇高山栎	mx-95	整株	D_{10}^2H	$M=a(D_{10}^2H)^b$	0.01	1.071				24	[0.987]						m			cm	
刺五加	mx-96	地上	D_{10}	$M=aD_{10}^b$	13.873	2.433				54	0.691					0.065					
刺旋花	mx-97	叶	V_c	$M=aV_c^b$	0.0571	0.6121			1.1221	19		0.4705	6	0.9247	0.8113	−0.0754	m		m²		kg
刺旋花	mx-98	茎	A_c	$M=aA_c^b$	0.1635	0.7503			1.1361	20		0.5114	6	0.9073	0.8355	−0.0481	m		m²		kg
刺旋花	mx-99	地上	A_c	$M=aA_c^b$	0.1942	0.7566			1.1015	20		0.5901	6	0.9187	0.8729	−0.0272	m		m²		kg
刺旋花	mx-100	地下	M_a	$M=aM_a^b$	0.4453	0.9368			1.2199	19		0.3310	6	0.9693	0.7290	−0.1616	m		m²	cm	kg
刺旋花	mx-101	整株	V_c	$M=aV_c^b$	0.4060	0.5230			1.1580	17		0.4510	6	0.9150	0.8360	0.0623	m		m²		kg
地盘松	mx-102	叶	V_c	$M=a+b\times V_c$	0.099	0.322					0.781										
地盘松	mx-103	茎	V_c	$M=a+b\times V_c$	0.096	1.328					0.86										
地盘松	mx-104	地下	V_c	$M=a+b\times V_c$	0.126	0.421					0.922										
杜茎山[①]	mx-105	整株	D	$M=aD^b$	0.165	2.646				12~15	0.904						m			mm	g
杜鹃	mx-106	叶	D^2H	$M=a(D^2H)^b$	0.0066	0.4944			1.3196	77		0.2279	26	0.7512	0.6772	−0.0590	m			cm	kg
杜鹃	mx-107	当年枝	D^2H	$M=a(D^2H)^b$	0.0047	0.7325			1.0865	26		0.5084	9	1.0099	0.8667	−0.0613	m			cm	kg
杜鹃	mx-108	茎	D^2H	$M=a(D^2H)^b$	0.0246	0.9320			1.2516	82		0.8155	27	1.0892	0.8852	−0.1586	m			cm	kg
杜鹃	mx-109	地上	D^2H	$M=a(D^2H)^b$	0.0298	0.8484			1.3385	84		0.7569	28	1.0384	0.8745	−0.1514	m			cm	kg
杜鹃	mx-110	地下	M_a	$M=aM_a^b$	0.4785	0.8120			1.4352	84		0.2977	28	0.9030	0.6347	−0.2002	m		m²	cm	kg
杜鹃	mx-111	整株	D^2H	$M=a+b\times D^2H$	0.0570	0.0320				76	0.6970		26	0.8550	0.8360	0.0149	m			cm	kg

续表

优势灌木物种	模型编号	器官	自变量	模型形式	模型系数					统计信息			模型验证				模型各变量单位				
					a	b	c	d	cf	n	R^2 [R]	FI	n	b	R^2 [R]	RE	H	C	A_c	D	M
杜鹃	mx-112	整株	H	$M=a+b\times H$	−177.304	501.916				7	0.934						m				g
杜鹃[①]	mx-113	整株	V_c	$M=aV_c^b$	195.326	0.714			1.388	13		0.524					m		m²		g
短柄枹栎	mx-114	叶	D^2H	$M=a(D^2H)^b$	0.0108	0.4853			1.7520	136		0.2253	45	0.6308	0.5684	−0.1007	m			cm	kg
短柄枹栎	mx-115	当年枝	D^2H	$M=a+b\times D^2H$	0.0122	0.0011				28	0.5302		10	0.9212	0.7467	−0.1170	m			cm	kg
短柄枹栎	mx-116	茎	D^2H	$M=a+b\times D^2H$	−0.0203	0.0237				140	0.8403		46	0.9244	0.8815	−0.0112	m			cm	kg
短柄枹栎	mx-117	地上	D^2H	$M=a+b\times D^2H$	0.0097	0.0251				140	0.8289		47	0.9130	0.8789	−0.0117	m			cm	kg
短柄枹栎	mx-118	地下	M_a	$M=aM_a^b$	0.5130	0.6694			1.3332	141		0.3421	47	0.8751	0.6135	−0.1487	m		m²	cm	kg
短柄枹栎	mx-119	整株	D^2H	$M=a+b\times D^2H$	0.1920	0.0310				128	0.7930		43	0.8850	0.8620	0.0122	m			cm	kg
多枝柽柳	mx-120	当年枝叶	D^2H	$M=a(D^2H)^b$	1.1927	0.6882				20	0.9808		10		[0.9857]	0.0749 ~ 0.1847	m			cm	kg
多枝柽柳	mx-121	整株	D^2H	$M=a(D^2H)^b$	2.7845	0.5068				20	0.9814						m			cm	kg
峨眉蔷薇	mx-122	叶	D、H	$M=a\times D+b\times H+c$	8.507	0.028	−5.298			25	0.809		6			2.83%	m			cm	g
峨眉蔷薇	mx-123	枝	D^2H	$M=a+b\times D^2H$	−0.22	0.178				25	0.909		6			−6.94%	m			cm	g
峨眉蔷薇	mx-124	茎	D^2H	$M=a(D^2H)^b$	0.178	1.054				25	0.946		6			3.65%	m			cm	g
峨眉蔷薇	mx-125	皮	D^2H	$M=a(D^2H)^b$	0.235	0.69				25	0.88		6			−1.52%	m			cm	g
峨眉蔷薇	mx-126	地上	DH	$M=a(DH)^b$	0.816	0.904				25	0.957		6			0.35%	m			cm	g
枫香树	mx-127	叶	D^2H	$M=a+b\times D^2H$	−0.0050	0.0108				16	0.7467		6	1.0960	0.7646	−0.2947	m			cm	kg
枫香树	mx-128	当年枝	D^2H	$M=a+b\times D^2H$	−0.0052	0.0049				12	0.9208		4	1.0210	0.8511	−0.0445	m			cm	kg
枫香树	mx-129	茎	D^2H	$M=a+b\times D^2H$	−0.0547	0.0384				16	0.9215		6	1.0424	0.9236	0.0127	m			cm	kg
枫香树	mx-130	地上	D^2H	$M=a+b\times D^2H$	−0.0598	0.0492				16	0.8946		6	1.0660	0.9224	−0.0322	m			cm	kg
枫香树	mx-131	地下	M_a	$M=a+b\times M_a$	0.1018	0.9962				16	0.8733		6	1.0002	0.8613	−0.1300	m		m²	cm	kg
枫香树	mx-132	整株	D^2H	$M=a+b\times D^2H$	0.0290	0.0940				15	0.7920		5	1.1180	0.8740	0.1628	m			cm	kg

续表

优势灌木物种	模型编号	器官	自变量	模型形式	模型系数					统计信息			模型验证				模型各变量单位				
					a	b	c	d	cf	n	R^2 [R]	FI	n	b	R^2 [R]	RE	H	C	A_c	D	M
甘蒙柽柳	mx-133	叶	D^2H	$M=a(D^2H)^b$	0.2276	0.3928				25	0.9968						m			cm	kg
甘蒙柽柳	mx-134	茎枝	D^2H	$M=a(D^2H)^b$	1.9054	0.3928				25	0.9969						m			cm	kg
甘蒙柽柳	mx-135	地上	D^2H	$M=a(D^2H)^b$	0.3643	1.0001				25	0.9999						m			cm	kg
刚毛柽柳	mx-136	叶	D^2H	$M=a(D^2H)^b$	0.4144	0.434				24	0.9982						m			cm	kg
刚毛柽柳	mx-137	茎枝	D^2H	$M=a(D^2H)^b$	0.1661	0.4339				24	0.9981						m			cm	kg
刚毛柽柳	mx-138	地上	D^2H	$M=a(D^2H)^b$	0.3156	1.0001				24	0.9999						m			cm	kg
岗松	mx-139	整株	D^2H	$M=a+b\times D^2H$	26.778	0.139				16	0.639						m			cm	g
岗松	mx-140	叶	D^2H	$M=a(D^2H)^b$	0.0068	0.3933			1.4521	45		0.3928	15	0.7585	0.7294	−0.0657	m			cm	kg
岗松	mx-141	茎	D^2H	$M=a(D^2H)^b$	0.0222	0.5405			1.5470	48		0.4011	16	0.7945	0.7135	−0.1042	m			cm	kg
岗松	mx-142	地上	D^2H	$M=a(D^2H)^b$	0.0300	0.5109			1.4570	48		0.4532	16	0.7918	0.7415	−0.0781	m			cm	kg
岗松	mx-143	地下	D^2H	$M=a+b\times D^2H$	0.0271	0.0168				48	0.6969		16	0.8296	0.7645	−0.0181	m			cm	kg
岗松	mx-144	整株	D^2H	$M=a(D^2H)^b$	0.0770	0.4690			1.2940	44		0.5850	14	0.8190	0.8240	0.0452	m			cm	kg
高山栎	mx-145	叶	D^2H	$M=a+b\times D^2H$	−0.141	0.025					0.937										
高山栎	mx-146	茎	D^2H	$M=a+b\times D^2H$	−0.64	0.103					0.843										
高山栎	mx-147	地下	D^2H	$M=a+b\times D^2H$	0.07	0.04					0.755										
高山绣线菊	mx-148	地上	P^2H	$M=a+b\times P^2H$	9.994	62.336				30	0.901		30	0.9906	0.9434	0.1319	m	m			g
戈壁藜	mx-149	整株	D^2H	$M=a(D^2H)^b$	0.1237	1.5893				49	0.8274						cm			cm	g
格药柃[1]	mx-150	整株	D^2H	$M=a+b\times D^2H$	−0.614	0.007				12~15	0.943						m			mm	g
格药柃[1]	mx-151	整株	V_c	$M=aV_c^b$	166.05	0.773			1.178	19		0.932					m		m^2		g
鬼箭锦鸡儿	mx-152	地上	P^2H	$M=a+b\times P^2H$	61.983	272.12				47	0.897		31	1.1033	0.9275	0.0967	m	m			g
豪猪刺	mx-153	叶	D^2H	$M=a+b\times D^2H$	1.402	0.127				27	0.965		7			−0.37%	m			cm	g
豪猪刺	mx-154	枝	D^2H	$M=a+b\times D^2H$	1.9	0.127				27	0.975		7			−0.41%	m			cm	g
豪猪刺	mx-155	茎	D^2H	$M=a(D^2H)^b$	0.135	1.041				27	0.974		7			1.14%	m			cm	g
豪猪刺	mx-156	皮	D^2H	$M=a+b\times D^2H$	1.202	0.018				27	0.962		7			−1.88%	m			cm	g

续表

优势灌木物种	模型编号	器官	自变量	模型形式	模型系数					统计信息			模型验证				模型各变量单位				
					a	b	c	d	cf	n	R^2 [R]	FI	n	b	R^2 [R]	RE	H	C	A_c	D	M
豪猪刺	mx-157	地上	D^2H	$M=a(D^2H)^b$	0.544	0.978				27	0.954		7			−1.58%	m			cm	g
合头草	mx-158	茎	V_c	$M=a+b\times V_c$	0.0121	2.5654				15	0.8807		5	0.9837	0.9134	−0.0455	m		m^2		kg
合头草	mx-159	地上	V_c	$M=a+b\times V_c$	0.0210	2.7146				15	0.8921		5	0.9973	0.9300	−0.0557	m		m^2		kg
合头草	mx-160	地下	M_a	$M=aM_a^b$	0.5902	0.9563			1.0937	15		0.7176	5	1.0814	0.9087	−0.1133	m		m^2	cm	kg
合头草	mx-161	整株	A_c	$M=aA_c^b$	1.4400	0.9170			1.1490	14		0.7800	4	1.0020	0.9240	0.0801	m		m^2		kg
合头草	mx-162	整株	D^2H	$M=a(D^2H)^b$	2.069	1.0428				312	0.8925						cm			cm	g
河北木蓝	mx-163	地上	C	$M=aC^b$	1146.52	4.1				30	0.953							m			
河北木蓝	mx-164	地下	C	$M=aC^b$	334.41	2.69				30	0.787							m			
黑沙蒿	mx-165	地上	C	$M=aC^b$	30.968	0.022				80	0.645							cm			
黑沙蒿	mx-166	整株	H、A_c	$M=a+b\times H+c\times A_c$	−0.049	0.1715	0.0538				[0.7716]					0.11～0.52					kg
黑沙蒿	mx-167	叶	A_c	$M=aA_c^b$	0.234	1.093				30~40	0.762					−0.1973	m		m^2		kg
黑沙蒿	mx-168	茎	V_c	$M=aV_c^b$	1.296	1.026				30~40	0.809					−0.1927	m		m^2		kg
黑沙蒿	mx-169	地上	A_c	$M=aA_c^b$	1.154	1.257				30~40	0.807					−0.1852	m		m^2		kg
黑沙蒿	mx-170	地下	A_c	$M=aA_c^b$	0.28	1.036				30~40	0.664					0.0783	m		m^2		kg
黑沙蒿	mx-171	整株	A_c	$M=a+b\times A_c$	−0.354	1.988				30~40	0.796					−0.1895	m		m^2		kg
黑沙蒿	mx-172	叶	D^2H	$M=a(D^2H)^b$	0.0159	0.5364			1.2384	15		0.4311	5	0.9544	0.7480	−0.1543	m			cm	kg
黑沙蒿	mx-173	茎	D^2H	$M=a(D^2H)^b$	0.0529	0.6502			1.1272	15		0.5760	5	0.9487	0.8087	−0.0606	m			cm	kg
黑沙蒿	mx-174	地上	D^2H	$M=a(D^2H)^b$	0.0696	0.6341			1.1338	15		0.5823	5	0.9813	0.8111	−0.0917	m			cm	kg
黑沙蒿	mx-175	地下	M_a	$M=aM_a^b$	0.2699	0.8774			1.0767	15		0.7020	5	1.1544	0.9242	−0.1371	m		m^2	cm	kg
黑沙蒿	mx-176	整株	D^2H	$M=a(D^2H)^b$	0.0920	0.6470			1.0810	14		0.7230	4	1.0210	0.8940	0.0721	m			cm	kg
红背山麻杆	mx-177	叶	D^2H	$M=a+b\times D^2H$	0.0007	0.0051				44	0.8366		14	0.9138	0.8278	0.0188	m			cm	kg
红背山麻杆	mx-178	茎	D^2H	$M=a(D^2H)^b$	0.0327	0.8827			1.0758	44		0.8985	15	0.9776	0.9182	−0.0329	m			cm	kg
红背山麻杆	mx-179	地上	D^2H	$M=a(D^2H)^b$	0.0405	0.8573			1.0718	44		0.8921	15	0.9570	0.9273	−0.0193	m			cm	kg
红背山麻杆	mx-180	地下	M_a	$M=aM_a^b$	0.2040	0.8015			1.0844	44		0.6883	15	0.9858	0.8556	−0.0471					kg

续表

优势灌木物种	模型编号	器官	自变量	模型形式	模型系数					统计信息			模型验证				模型各变量单位				
					a	b	c	d	cf	n	R^2 [R]	FI	n	b	R^2 [R]	RE	H	C	A_c	D	M
红背山麻杆	mx-181	整株	D^2H	$M=a(D^2H)^b$	0.0540	0.8400			1.0530	40		0.8170	13	0.9750	0.9110	0.0216	m			cm	kg
红背山麻杆	mx-182	叶	D^2H	$M=a(D^2H)^b$	10.082	0.669				58	0.661						m			cm	g
红背山麻杆	mx-183	茎	D^2H	$M=a(D^2H)^b$	29.61	0.91				58	0.958						m			cm	g
红背山麻杆	mx-184	地上	D^2H	$M=a(D^2H)^b$	41.477	0.846				58	0.94						m			cm	g
红背山麻杆	mx-185	地下	D^2H	$M=a(D^2H)^b$	20.94	0.621				27	0.61						m			cm	g
红背山麻杆	mx-186	整株	D^2H	$M=a(D^2H)^b$	66.451	0.732				27	0.925						m			cm	g
红淡比	mx-187	叶	D^2H	$M=a(D^2H)^b$	0.0171	0.5804			1.3793	14		0.6714	4	1.1445	0.8320	−0.2575	m			cm	kg
红淡比	mx-188	茎	D^2H	$M=a(D^2H)^b$	0.0446	0.7556			1.1990	14		0.8872	5	1.1126	0.9454	−0.1412	m			cm	kg
红淡比	mx-189	地上	D^2H	$M=a(D^2H)^b$	0.0613	0.7102			1.2405	15		0.8540	5	1.0910	0.9297	−0.1321	m			cm	kg
红淡比	mx-190	地下	M_a	$M=aM_a^b$	0.4014	0.7451			1.2016	15		0.8208	5	1.0768	0.8723	−0.1514					kg
红淡比	mx-191	整株	D^2H	$M=a(D^2H)^b$	0.1070	0.6220			1.2970	14		0.7840	5	1.0580	0.9160	0.1372	m			cm	kg
红砂	mx-192	地上	V_c	$M=aV_c^b$	833.26	0.73				36	0.725						m		m^2		
红砂	mx-193	地下	A_c	$M=aA_c^b$	520.85	0.94				36	0.38								m^2		
红砂	mx-194	叶	V_c	$M=a+b\times V_c$	−0.0020	0.5018				32	0.8360		10	0.9800	0.8193	−0.0376	m		m^2		kg
红砂	mx-195	茎	V_c	$M=a+b\times V_c$	−0.0352	2.5876				32	0.8351		10	1.1335	0.8024	−0.0113	m		m^2		kg
红砂	mx-196	地上	V_c	$M=a+b\times V_c$	−0.0413	3.2707				32	0.8552		10	1.0987	0.8210	−0.0003	m		m^2		kg
红砂	mx-197	地下	M_a	$M=a+b\times M_a$	−0.0307	1.5618				32	0.9451		10	0.9797	0.8286	0.0269					kg
红砂	mx-198	整株	A_c	$M=aA_c^b$	1.3460	1.1510			1.1550	28		0.8270	10	0.9390	0.9000	0.0439	m		m^2		kg
红砂	mx-199	叶	V_c	$M=aV_c^b$	0.01	0.652				34	0.781										
红砂	mx-200	老枝	V_c	$M=aV_c^b$	0.005	0.805				34	0.819										
红砂	mx-201	地上	V_c	$M=aV_c^b$	0.013	0.757				34	0.86										
红砂	mx-202	地下	V_c	$M=aV_c^b$	0.016	0.727				34	0.808										
红砂	mx-203	整株	V_c	$M=aV_c^b$	0.028	0.748				34	0.859										
红砂	mx-204	整株	D^2H	$M=a(D^2H)^b$	10.806	0.7041				99	0.9022						cm			cm	g

续表

优势灌木物种	模型编号	器官	自变量	模型形式	模型系数					统计信息			模型验证				模型各变量单位				
					a	b	c	d	cf	n	R^2 [R]·	FI	n	b	R^2 [R]	RE	H	C	A_c	D	M
红砂	mx-205	整株	C_1、C_2	$M=a+b\times ln(C_1\times C_2)$	-103.61	21.426				20	0.9863		10			4.79%		cm			g
红砂	mx-206	整株	C_1、C_2	$M=a+b\times C_1\times C_2$	-15.866	0.028				24	0.9309							cm			g
胡颓子[①]	mx-207	叶	D^2H	$M=a(D^2H)^b$	0.011	0.689				9	0.871						m			cm	kg
胡颓子[①]	mx-208	茎枝	D^2H	$M=a(D^2H)^b$	0.0533	0.7255				9	0.967						m			cm	kg
胡颓子[①]	mx-209	整株	D^2H	$M=a(D^2H)^b$	0.0644	0.7201				9	0.96						m			cm	kg
胡枝子	mx-210	叶	D^2H	$M=a+b\times D^2H$	0.0009	0.0081				46	0.7531		15	0.8581	0.7605	–0.0307	m			cm	kg
胡枝子	mx-211	茎	D^2H	$M=a+b\times D^2H$	–0.0151	0.0348				46	0.9126		16	0.9969	0.9172	0.0123	m			cm	kg
胡枝子	mx-212	地上	D^2H	$M=a+b\times D^2H$	–0.0142	0.0431				48	0.9150		16	1.0048	0.9113	0.0026	m			cm	kg
胡枝子	mx-213	地下	M_a	$M=aM_a^b$	0.3438	0.9302			1.3319	46		0.5493	16	0.8605	0.7145	–0.0878					kg
胡枝子	mx-214	整株	D^2H	$M=a(D^2H)^b$	0.0670	0.7280			1.2540	44		0.5830	14	0.8030	0.8720	–0.0038	m			cm	kg
胡枝子	mx-215	叶	V_c	$M=a+b\times V_c$	–0.0001	0.1791				22	0.8639		8	1.0483	0.8954	0.0098	m		m^2		kg
胡枝子	mx-216	当年枝	V_c	$M=aV_c^b$	0.0631	0.7898			1.0529	16		0.8417	6	0.9707	0.9364	–0.0090	m		m^2		kg
胡枝子	mx-217	茎	V_c	$M=a+b\times V_c$	–0.0021	0.8790				22	0.9297		8	1.0198	0.9094	0.0147	m		m^2		kg
胡枝子	mx-218	地上	V_c	$M=a+b\times V_c$	–0.0024	1.0686				22	0.9281		8	1.0368	0.9132	0.0154	m		m^2		kg
胡枝子	mx-219	地下	M_a	$M=a+b\times M_a$	0.0072	0.5644				22	0.8444		8	0.9551	0.8922	–0.0636					kg
胡枝子	mx-220	整株	V_c	$M=aV_c^b$	0.6670	0.7340			1.1090	20		0.7470	7	0.9210	0.9010	0.0139	m		m^2		kg
胡枝子[①]	mx-221	叶	D^2H	$M=a(D^2H)^b$	0.0077	0.7274				11	0.914						m			cm	kg
胡枝子[①]	mx-222	茎枝	D^2H	$M=a(D^2H)^b$	0.0409	0.8021				11	0.941						m			cm	kg
胡枝子[①]	mx-223	整株	D^2H	$M=a(D^2H)^b$	0.0487	0.7895				11	0.942						m			cm	kg
槲栎	mx-224	叶	D^2H	$M=a(D^2H)^b$	0.0143	0.6109			1.1985	23		0.6584	8	1.0064	0.8027	–0.1264	m			cm	kg
槲栎	mx-225	茎	D^2H	$M=a(D^2H)^b$	0.0381	0.8314			1.0751	23		0.8819	8	1.0292	0.9352	–0.0581	m			cm	kg
槲栎	mx-226	地上	D^2H	$M=a(D^2H)^b$	0.0536	0.7884			1.0582	23		0.8868	8	1.0145	0.9382	–0.0381	m			cm	kg
槲栎	mx-227	地下	D^2H	$M=a(D^2H)^b$	0.0714	0.6218			1.2358	23		0.5033	8	1.0552	0.8157	–0.1529	m			cm	kg

续表

优势灌木物种	模型编号	器官	自变量	模型形式	模型系数					统计信息			模型验证				模型各变量单位				
					a	b	c	d	cf	n	R^2 [R]	FI	n	b	R^2 [R]	RE	H	C	A_c	D	M
槲栎	mx-228	整株	D^2H	$M=a(D^2H)^b$	0.1320	0.7140			1.0800	21		0.8570	7	0.9790	0.9360	0.0348	m			cm	kg
虎榛子	mx-229	叶	D^2H	$M=a(D^2H)^b$	0.0212	0.3315			1.1119	12		0.6320	4	1.0157	0.8929	−0.0778	m			cm	kg
虎榛子	mx-230	茎	D^2H	$M=a+b\times D^2H$	0.0263	0.0238				12	0.8930		4	1.0514	0.9148	−0.1334	m			cm	kg
虎榛子	mx-231	地上	D^2H	$M=a(D^2H)^b$	0.0746	0.6299			1.0693	12		0.8805	4	1.0216	0.9351	−0.0573	m			cm	kg
虎榛子	mx-232	地下	D^2H	$M=a+b\times D^2H$	−0.0034	0.0495				12	0.9827		4	1.0219	0.8771	−0.0611	m			cm	kg
虎榛子	mx-233	整株	D^2H	$M=a(D^2H)^b$	0.1280	0.6930			1.1080	10		0.8210	4	0.9550	0.9060	0.0282	m			cm	kg
虎榛子	mx-234	叶	D^2H	$M=a(D^2H)^b$	0.2638	0.5144				18	0.8872										
虎榛子	mx-235	茎枝	D^2H	$M=a(D^2H)^b$	2.1206	0.5976				18	0.8926										
虎榛子	mx-236	地下	D^2H	$M=a(D^2H)^b$	1.7739	0.546				18	0.9164										
虎榛子[1]	mx-237	叶	D^2H	$M=a(D^2H)^b$	0.0122	0.6904				10	0.772						m			cm	kg
虎榛子[1]	mx-238	茎枝	D^2H	$M=a(D^2H)^b$	0.033	1.1519				10	0.993						m			cm	kg
虎榛子[1]	mx-239	整株	D^2H	$M=a(D^2H)^b$	0.0452	1.0585				10	0.987						m			cm	kg
化香树	mx-240	叶	D^2H	$M=a+b\times D^2H$	0.0222	0.0007				32	0.3615		10	0.7266	0.5348	−0.1477	m			cm	kg
化香树	mx-241	茎	D^2H	$M=a+b\times D^2H$	0.1841	0.0171				34	0.8535		12	0.9497	0.9251	−0.0310	m			cm	kg
化香树	mx-242	地上	D^2H	$M=a(D^2H)^b$	0.0290	0.9332			1.0732	34		0.8387	12	1.0720	0.9289	−0.0768	m			cm	kg
化香树	mx-243	地下	M_a	$M=aM_a^b$	0.7414	0.8331			1.2011	34		0.6428	12	1.1200	0.8557	−0.1589					kg
化香树	mx-244	整株	D^2H	$M=a+b\times D^2H$	0.6440	0.0250				31	0.8010		10	0.9200	0.8910	0.0448	m			cm	kg
黄刺玫	mx-245	叶	D^2H	$M=a(D^2H)^b$	0.1521	1.9236				27	0.9758										
黄刺玫	mx-246	茎枝	D^2H	$M=a(D^2H)^b$	2.5289	1.8988				27	0.9186										
黄刺玫	mx-247	地下	D^2H	$M=a(D^2H)^b$	1.9884	1.9304				27	0.9084										
黄刺玫	mx-248	叶	V_c	$M=a+b\times V_c$	0.0033	0.1038				28	0.8682		10	0.9960	0.9219	−0.0198	m		m^2		kg
黄刺玫	mx-249	当年枝	V_c	$M=aV_c^b$	0.0260	0.5637			1.2721	26		0.5093	9	0.9048	0.7711	−0.0997	m		m^2		kg
黄刺玫	mx-250	茎	V_c	$M=a+b\times V_c$	−0.0245	0.5505				28	0.8132		10	1.0141	0.8460	−0.0527	m		m^2		kg
黄刺玫	mx-251	地上	V_c	$M=a+b\times V_c$	−0.0227	0.6598				28	0.8523		10	1.0232	0.8804	−0.0352	m		m^2		kg

续表

优势灌木物种	模型编号	器官	自变量	模型形式	模型系数					统计信息		模型验证					模型各变量单位				
					a	b	c	d	cf	n	R^2 [R]	FI	n	b	R^2 [R]	RE	H	C	A_c	D	M
黄刺玫	mx-252	地下	M_a	$M=aM_a^b$	1.0252	1.0300			1.2335	28		0.7932	10	1.0327	0.8432	−0.1352					kg
黄刺玫	mx-253	整株	V_c	$M=aV_c^b$	1.0950	0.8950			1.1280	26		0.6980	8	0.9420	0.9010	0.0223	m		m^2		kg
黄刺玫	mx-254	地上	A_c	$M=aA_c^b$	685.42	1.07				38	0.693								m^2		
黄刺玫	mx-255	地下	A_c	$M=aA_c^b$	747.12	1.17				38	0.496								m^2		
黄刺玫	mx-256	叶	C、H	$M=a(CH)^b$	0.008	0.959				15	0.849						cm	cm			g
黄刺玫	mx-257	当年枝	C、H	$M=a(CH)^b$	0.003	1.029				15	0.795						cm	cm			g
黄刺玫	mx-258	老枝	C、H	$M=a(CH)^b$	0.001	1.212				15	0.817						cm	cm			g
黄刺玫	mx-259	地上	C、H	$M=a(CH)^b$	0.008	1.101				15	0.895						cm	cm			g
黄刺玫①	mx-260	叶	D^2H	$M=a(D^2H)^b$	0.0198	0.6391				12	0.969						m			cm	kg
黄刺玫①	mx-261	茎枝	D^2H	$M=a(D^2H)^b$	0.0853	0.6468				12	0.982						m			cm	kg
黄刺玫①	mx-262	整株	D^2H	$M=a(D^2H)^b$	0.1051	0.6456				12	0.982						m			cm	kg
黄刺玫	mx-263	叶	C、H	$M=a+b\times CH$	−0.1121	0.0394				28	0.9052					0.0031					
黄刺玫	mx-264	茎	C、H	$M=a+b\times CH$	−1.6745	0.5033				28	0.934					0.0101					
黄刺玫	mx-265	地下	C、H	$M=a+b\times CH$	−1.7454	0.4797				28	0.9251					0.0026					
黄荆	mx-266	叶	D^2H	$M=a(D^2H)^b$	0.0067	0.6135			1.3357	108		0.2733	36	0.6332	0.5732	−0.0066	m			cm	kg
黄荆	mx-267	当年枝	D^2H	$M=a(D^2H)^b$	0.0052	0.5466			1.2216	82		0.5293	27	0.8246	0.7911	−0.0408	m			cm	kg
黄荆	mx-268	茎	D^2H	$M=a(D^2H)^b$	0.0379	0.9146			1.0928	110		0.8640	36	0.9498	0.9025	−0.0226	m			cm	kg
黄荆	mx-269	地上	D^2H	$M=a(D^2H)^b$	0.0457	0.8896			1.0933	110		0.8567	36	0.9524	0.9011	−0.0236	m			cm	kg
黄荆	mx-270	地下	M_a	$M=aM_a^b$	0.5387	0.9042			1.2235	110		0.5241	36	1.1639	0.7869	−0.1852					kg
黄荆	mx-271	整株	D^2H	$M=a(D^2H)^b$	0.0800	0.8760			1.0880	98		0.8550	33	1.1000	0.9250	0.0780	m			cm	kg
黄荆	mx-272	叶	D^2H	$M=a(D^2H)^b$	3.36	0.874				92	0.737						m			cm	g
黄荆	mx-273	茎	D^2H	$M=a(D^2H)^b$	29.719	0.941				95	0.943						m			cm	g
黄荆	mx-274	果	D^2H	$M=a(D^2H)^b$	0.687	1.007				55	0.453						m			cm	g
黄荆	mx-275	地上	D^2H	$M=a(D^2H)^b$	34.156	0.935				95	0.945						m			cm	g

续表

优势灌木物种	模型编号	器官	自变量	模型形式	模型系数					统计信息			模型验证				模型各变量单位				
					a	b	c	d	cf	n	R^2 [R]	FI	n	b	R^2 [R]	RE	H	C	A_c	D	M
黄荆	mx-276	地下	D^2H	$M=a(D^2H)^b$	17.092	0.835				91	0.846						m			cm	g
黄荆	mx-277	整株	D^2H	$M=a(D^2H)^b$	51.663	0.907				91	0.942						m			cm	g
黄栌	mx-278	茎	D^2H	$M=a(D^2H)^b$	0.0335	0.9198			1.0766	52		0.9750	18	1.0433	0.9478	−0.0572	m			cm	kg
黄栌	mx-279	地上	D^2H	$M=a(D^2H)^b$	0.0465	0.8791			1.1529	52		0.8867	18	0.9918	0.8599	−0.0686	m			cm	kg
黄栌	mx-280	地下	D^2H	$M=a(D^2H)^b$	0.0499	0.7862			1.2182	52		0.7627	17	0.9500	0.8312	−0.0622	m			cm	kg
黄栌	mx-281	整株	D^2H	$M=a(D^2H)^b$	0.1030	0.8260			1.1420	47		0.9190	16	1.0000	0.8970	0.0658	m			cm	kg
黄檀	mx-282	叶	D^2H	$M=a+b\times D^2H$	0.0070	0.0018				38	0.5794		12	0.8515	0.8169	−0.0301	m			cm	kg
黄檀	mx-283	茎	D^2H	$M=a(D^2H)^b$	0.0247	0.8930			1.2732	39		0.6679	13	0.9354	0.8797	−0.0678	m			cm	kg
黄檀	mx-284	地上	D^2H	$M=a(D^2H)^b$	0.0311	0.8520			1.2413	39		0.6735	13	0.9250	0.8740	−0.0648	m			cm	kg
黄檀	mx-285	地下	M_a	$M=a+b\times M_a$	−0.1086	2.1529				39	0.4079		13	0.7971	0.5608	−0.2285					kg
黄檀	mx-286	整株	D^2H	$M=a+b\times D^2H$		0.0680				35	0.6080		12	0.8410	0.6600	0.1804	m			cm	kg
黄檀	mx-287	当年枝叶	C	$M=a\times C$	0.4232					15	0.8868							cm			g
黄檀	mx-288	地上	C	$M=a\times C$	1.1464					15	0.9195							cm			g
灰毛浆果楝	mx-289	叶	D^2H	$M=a(D^2H)^b$	0.0111	0.7363			1.2490	16		0.2313	5	1.0005	0.7408	−0.1785	m			cm	kg
灰毛浆果楝	mx-290	茎	D^2H	$M=a+b\times D^2H$	0.1280	0.0145				16	0.5306		5	0.9190	0.8504	−0.0620	m			cm	kg
灰毛浆果楝	mx-291	地上	D^2H	$M=a+b\times D^2H$	0.1809	0.0176				16	0.5050		5	0.9218	0.8508	−0.0651	m			cm	kg
灰毛浆果楝	mx-292	整株	D^2H	$M=a(D^2H)^b$	0.0780	0.7400			1.1090	14		0.4210	5	1.0500	0.8500	0.1251	m			cm	kg
灰毛浆果楝	mx-293	叶	D^2H	$M=a(D^2H)^b$	10.928	0.591				46	0.537						m			cm	g
灰毛浆果楝	mx-294	茎	D^2H	$M=a(D^2H)^b$	15.236	1.153				46	0.93						m			cm	g
灰毛浆果楝	mx-295	地上	D^2H	$M=a(D^2H)^b$	26.457	1.02				46	0.937						m			cm	g
灰毛浆果楝	mx-296	地下	D^2H	$M=a(D^2H)^b$	10.252	1.02				45	0.646						m			cm	g
灰毛浆果楝	mx-297	整株	D^2H	$M=a(D^2H)^b$	37.644	1.024				45	0.908						m			cm	g
火棘	mx-298	叶	D^2H	$M=a(D^2H)^b$	0.0124	0.7986			1.2799	65		0.4643	22	0.9469	0.7623	−0.1322	m			cm	kg
火棘	mx-299	当年枝	D^2H	$M=a(D^2H)^b$	0.0076	0.6414			1.3265	44		0.2465	14	0.9653	0.7104	−0.1836	m			cm	kg

续表

优势灌木物种	模型编号	器官	自变量	模型形式	模型系数					统计信息			模型验证				模型各变量单位				
					a	b	c	d	cf	n	R^2 [R]	FI	n	b	R^2 [R]	RE	H	C	A_c	D	M
火棘	mx-300	茎	D^2H	$M=a(D^2H)^b$	0.0646	0.8713			1.1251	65		0.6661	22	0.9836	0.8546	−0.0689	m			cm	kg
火棘	mx-301	地上	D^2H	$M=a(D^2H)^b$	0.0790	0.8734			1.1204	65		0.6889	22	1.0139	0.8684	−0.0825	m			cm	kg
火棘	mx-302	地下	D^2H	$M=a(D^2H)^b$	0.0252	0.8381			1.5321	65		0.2586	22	0.8796	0.6059	−0.2177	m			cm	kg
火棘	mx-303	整株	D^2H	$M=a(D^2H)^b$	0.1000	0.9100			1.1330	58		0.6930	20	1.0700	0.8730	0.1147	m			cm	kg
鸡树条	mx-304	地上	$D_{10}{}^2H$	$M=a(D_{10}{}^2H)^b$	0.625	0.727				54	0.861					0.048					
吉拉柳	mx-305	地上	P^2H	$M=a+b\times P^2H$	33.515	71.691				37	0.906		28	1.0038	0.9434	0.1648	m	m			g
檵木	mx-306	叶	D^2H	$M=a(D^2H)^b$	0.0100	0.5934			1.5556	291		0.3384	97	0.6365	0.6188	−0.0546	m			cm	kg
檵木	mx-307	当年枝	D^2H	$M=a+b\times D^2H$	0.0200	0.0011				105	0.4368		35	0.7608	0.6727	−0.0506	m			cm	kg
檵木	mx-308	茎	D^2H	$M=a+b\times D^2H$	−0.0105	0.0316				310	0.8602		104	0.9347	0.8798	−0.0010	m			cm	kg
檵木	mx-309	地上	D^2H	$M=a+b\times D^2H$	0.0101	0.0341				311	0.8639		104	0.9275	0.8828	−0.0026	m			cm	kg
檵木	mx-310	地下	M_a	$M=aM_a{}^b$	0.3764	0.8246			1.2974	308		0.7338	102	0.8619	0.8061	−0.0791					kg
檵木	mx-311	整株	D^2H	$M=a+b\times D^2H$	0.0310	0.0480				281	0.8600		94	0.9490	0.8840	0.0003	m			cm	kg
檵木	mx-312	整株	D^2H、V_c	$M=a+b\times D^2H+c\times V_c$	63.81	0.358	91.071			11	0.994						m		m^2	cm	g
檵木[1]	mx-313	叶	C、H	$M=a(CH)^b$	0.0114	0.7581				51	0.5713						cm	cm			g
檵木[1]	mx-314	茎	C、H	$M=a(CH)^b$	0.0008	1.1878				51	0.8515						cm	cm			g
檵木[1]	mx-315	地上	C、H	$M=a(CH)^b$	0.0024	1.0973				51	0.8436						cm	cm			g
檵木[1]	mx-316	整株	V_c	$M=aV_c{}^b$	141.66	0.689			1.207	56		0.762					m		m^2		g
假木贼	mx-317	整株	D^2H	$M=a(D^2H)^b$	15.422	0.7825				38	0.9892						cm			cm	g
箭竹	mx-318	叶	D^2H	$M=a(D^2H)^b$	0.0129	0.8331			1.4263	20		0.2898	6	0.8761	0.6616	−0.1784	m			cm	kg
箭竹	mx-319	茎	D^2H	$M=a(D^2H)^b$	0.0395	0.8312			1.0482	20		0.7008	6	0.9685	0.9268	−0.0242	m			cm	kg
箭竹	mx-320	地上	D^2H	$M=a(D^2H)^b$	0.0548	0.8563			1.0651	20		0.6250	6	0.9307	0.8816	−0.0219	m			cm	kg
箭竹	mx-321	地下	D^2H	$M=a(D^2H)^b$	0.0134	0.8668			1.1350	20		0.5895	6	0.9037	0.8308	−0.0407	m			cm	kg
箭竹	mx-322	整株	D^2H	$M=a+b\times D^2H$		0.0710				17	0.9540		6	1.0280	0.9620	0.0547	m			cm	kg
金露梅	mx-323	地上	H*	$M=a+b\times H$	−5.312	6.297					0.941						cm				g

续表

优势灌木物种	模型编号	器官	自变量	模型形式	模型系数					统计信息			模型验证				模型各变量单位				
					a	b	c	d	cf	n	R^2 [R]	FI	n	b	R^2 [R]	RE	H	C	A_c	D	M
金露梅	mx-324	地上	P^2H	$M=a+b\times P^2H$	29.77	113.02				47	0.916		30	1.018	0.9275	0.123	m	m			g
金樱子[①]	mx-325	整株	D	$M=a+b\times D+c\times D^2$	37.128	-10.321	1.427			12~15	0.977						m			mm	g
荆条	mx-326	叶	D^2H	$M=a+b\times D^2H$	0.0203	0.0026				25	0.1834		8	0.7076	0.5186	−0.1983	m			cm	kg
荆条	mx-327	茎	D^2H	$M=a+b\times D^2H$	0.0008	0.0246				26	0.8229		9	0.8850	0.8315	−0.0448	m			cm	kg
荆条	mx-328	地上	D^2H	$M=a+b\times D^2H$	0.0127	0.0292				26	0.7635		9	0.8488	0.7955	−0.0522	m			cm	kg
荆条	mx-329	地下	M_a	$M=a+b\times M_a$	0.0428	0.3818				26	0.3251		8	0.8133	0.5920	−0.2981					kg
荆条	mx-330	整株	D^2H	$M=a+b\times D^2H$	0.0620	0.0410				23	0.7090		8	0.8440	0.7820	0.0654	m			cm	kg
荆条	mx-331	叶	A_c	$M=aA_c^b$	0.1225	1.0370			1.1099	26		0.7486	8	0.9846	0.8950	−0.0597	m		m^2		kg
荆条	mx-332	当年枝	V_c	$M=aV_c^b$	0.0173	0.6975			1.1805	20		0.4677	7	0.9552	0.7978	−0.1049	m		m^2		kg
荆条	mx-333	茎	A_c	$M=aA_c^b$	0.1389	1.0343			1.1062	26		0.7754	8	0.9580	0.9126	−0.0436	m		m^2		kg
荆条	mx-334	地上	A_c	$M=aA_c^b$	0.2709	1.0354			1.0878	26		0.8344	8	0.9782	0.9293	−0.0412	m		m^2		kg
荆条	mx-335	地下	M_a	$M=a+b\times M_a$	−0.0104	1.2420				26	0.6525		8	0.9861	0.8451	−0.0709					kg
荆条	mx-336	整株	A_c	$M=aA_c^b$	0.5670	1.0730			1.0990	23		0.6620	8	0.9360	0.8720	0.0385	m		m^2		kg
荆条	mx-337	地上	A_c	$M=aA_c^b$	294.19	1.02				34	0.825								m^2		
荆条	mx-338	地下	C	$M=aC^b$	288.534	2.62				34	0.624							m			
荆条	mx-339	叶	D^2H	$M=a(D^2H)^b$	0.2646	0.6233				26	[0.9175]										
荆条	mx-340	茎	D^2H	$M=a(D^2H)^b$	0.9213	2.1932				26	[0.8912]										
荆条	mx-341	地下	D^2H	$M=a(D^2H)^b$	2.0216	1.6213				26	[0.9184]										
荆条	mx-342	叶	C	$M=aC^b$	0.022	1.943				16	0.769							cm			g
荆条	mx-343	当年枝	V_c	$M=aV_c^b$	0.002	0.704				16	0.702						cm		cm^2		g
荆条	mx-344	老枝	V_c	$M=aV_c^b$	0.002	0.825				16	0.767						cm		cm^2		g
荆条	mx-345	地上	C	$M=aC^b$	0.025	2.056				16	0.859							cm			g
卷边柳	mx-346	叶	D^2H	$M=a+b\times D^2H$	0.0050	0.0032				24	0.6658		8	0.8914	0.8440	−0.0139	m			cm	kg
卷边柳	mx-347	茎	D^2H	$M=a(D^2H)^b$	0.0241	0.7600			1.1109	27		0.7948	9	0.9845	0.9066	−0.0601	m			cm	kg

续表

优势灌木物种	模型编号	器官	自变量	模型形式	模型系数					统计信息			模型验证				模型各变量单位				
					a	b	c	d	cf	n	R^2 [R]	FI	n	b	R^2 [R]	RE	H	C	A_c	D	M
卷边柳	mx-348	地上	D^2H	$M=a(D^2H)^b$	0.0305	0.7699			1.1127	27		0.7956	9	0.9997	0.9021	–0.0696	m			cm	kg
卷边柳	mx-349	地下	D^2H	$M=a(D^2H)^b$	0.0085	0.8812			1.2464	24		0.3634	8	0.9864	0.7506	–0.1347	m			cm	kg
卷边柳	mx-350	整株	D^2H	$M=a(D^2H)^b$	0.0390	0.7990			1.1140	24		0.8310	8	0.9840	0.9060	0.0537	m			cm	kg
卷叶锦鸡儿	mx-351	地上	C	$M=aC^b$	1192.13	2.02				31	0.529							m			
卷叶锦鸡儿	mx-352	地下	C	$M=aC^b$	1032.52	2.32				31	0.508							m			
苦槠	mx-353	叶	D^2H	$M=a+b\times D^2H$	0.0139	0.0049				26	0.8567		9	0.9045	0.8598	–0.0353	m			cm	kg
苦槠	mx-354	茎	D^2H	$M=a(D^2H)^b$	0.0439	0.7844			1.1016	27		0.8764	9	0.9861	0.9473	–0.0352	m			cm	kg
苦槠	mx-355	地上	D^2H	$M=a(D^2H)^b$	0.0670	0.7039			1.1281	27		0.8726	9	0.9671	0.9616	–0.0303	m			cm	kg
苦槠	mx-356	地下	M_a	$M=aM_a^b$	0.3446	0.7871			1.6176	27		0.4605	9	1.1508	0.7882	–0.3240					kg
苦槠	mx-357	整株	D^2H	$M=a(D^2H)^b$	0.1240	0.6010			1.2490	24		0.8300	8	0.9870	0.9380	0.0886	m			cm	kg
宽苞水柏枝	mx-358	整株	C、H	$M=a+b\times CH+c\times(CH)^2$	7543.29	0.078	5.98×10^{-7}			13	0.875						cm	cm			g
筐柳	mx-359	整株	C、H	$M=a+b\times CH$	3286.15	0.021				11	0.905						cm	cm			g
烈香杜鹃	mx-360	地上	C_1、C_2*	$M=a+b\times(C_1+C_2)/2$	1.759	4.708					0.921							cm			g
柃木	mx-361	叶	D^2H	$M=a(D^2H)^b$	0.0077	0.7226			1.4288	46		0.6664	15	0.9834	0.7918	–0.1415	m			cm	kg
柃木	mx-362	茎	D^2H	$M=a+b\times D^2H$	0.0215	0.0163				46	0.8789		16	0.8903	0.8695	–0.0356	m			cm	kg
柃木	mx-363	地上	D^2H	$M=a(D^2H)^b$	0.0374	0.7366			1.3879	47		0.7874	16	0.9492	0.8665	–0.1190	m			cm	kg
柃木	mx-364	地下	M_a	$M=aM_a^b$	0.2742	0.6866			1.3266	47		0.6358	16	0.9043	0.7967	–0.0999					kg
柃木	mx-365	整株	D^2H	$M=a+b\times D^2H$	0.0640	0.0270				44	0.8500		14	0.8830	0.8610	0.0382	m			cm	kg
柳杉	mx-366	当年枝叶	C	$M=a\times C$	2.2001					15	0.8973							cm			g
柳杉	mx-367	地上	C	$M=a\times C$	2.4159					15	0.8986							cm			g
耧斗菜叶绣线菊	mx-368	叶	V_c	$M=aV_c^b$	0.0638	0.7823			1.1591	23		0.3439	8	0.8686	0.7597	–0.0582	m		m^2		kg
耧斗菜叶绣线菊	mx-369	茎	V_c	$M=aV_c^b$	0.4299	0.8539			1.2658	23		0.4283	8	0.8842	0.7796	–0.0922	m		m^2		kg

续表

优势灌木物种	模型编号	器官	自变量	模型形式	模型系数					统计信息			模型验证				模型各变量单位				
					a	b	c	d	cf	n	R^2 [R]	FI	n	b	R^2 [R]	RE	H	C	A_c	D	M
楼斗菜叶绣线菊	mx-370	地上	V_c	$M=aV_c^b$	0.5006	0.8443			1.2223	23		0.4474	8	0.8789	0.7897	−0.0682	m		m²		kg
楼斗菜叶绣线菊	mx-371	地下	V_c	$M=aV_c^b$	0.5802	0.7361			1.1253	23		0.7139	8	0.9794	0.9084	−0.0618	m		m²		kg
楼斗菜叶绣线菊	mx-372	整株	V_c	$M=aV_c^b$	1.0960	0.8130			1.1160	21		0.7450	7	0.9440	0.9090	0.0412	m		m²		kg
楼斗菜叶绣线菊	mx-373	地上	V_c	$M=aV_c^b$	383.95	0.51				12	0.693						m		m²		
楼斗菜叶绣线菊	mx-374	地下	V_c	$M=aV_c^b$	431.84	0.48				12	0.887						m		m²		
鹿角杜鹃①	mx-375	整株	D^2H	$M=a+b\times D^2H$	27.602	0.004				12~15	0.966						m			mm	g
轮叶蒲桃①	mx-376	叶	D、C、H	$M=a+b\times D+c\times C+d\times H$	-14.0613	0.8652	0.0719	0.2443		≥25	0.8054						cm	cm		mm	g
轮叶蒲桃①	mx-377	茎	D、C、H	$M=a+b\times D+c\times C+d\times H$	-36.3942	2.0493	0.2271	0.4294		≥25	0.9213						cm	cm		mm	g
轮叶蒲桃①	mx-378	地下	D^2H	$M=a+b\times D^2H+c\times(D^2H)^2$	−1.2189	0.2026	−0.0003			≥25	0.8062						cm			mm	g
轮叶蒲桃①	mx-379	整株	D^2H	$M=a(D^2H)^b$	1.1314	0.8646				≥25	0.9202						cm			mm	g
轮叶蒲桃①	mx-380	整株	V_c	$M=aV_c^b$	218.475	0.9			1.113	21		0.833					m		m²		g
麻栎	mx-381	地下	M_a	$M=aM_a^b$	0.4674	1.0352			1.1321	14		0.8034	4	1.0363	0.8679	−0.1122					kg
麻栎	mx-382	当年枝叶	C	$M=a\times C$	0.3954					15	0.9006							cm			g
麻栎	mx-383	地上	C	$M=a\times C$	1.0232					15	0.9243							cm			g
马桑	mx-384	叶	D^2H	$M=a(D^2H)^b$	0.0128	0.7472			1.6651	94		0.3195	32	1.0425	0.5578	−0.3185	m			cm	kg
马桑	mx-385	当年枝	D^2H	$M=a+b\times D^2H$	−0.0133	0.0083				49	0.6363		16	0.9248	0.7514	−0.0682	m			cm	kg
马桑	mx-386	茎	D^2H	$M=a+b\times D^2H$	0.2605	0.0190				97	0.8816		32	0.8210	0.8599	−0.0346	m			cm	kg
马桑	mx-387	地上	D^2H	$M=a+b\times D^2H$	0.3724	0.0210				97	0.8412		32	0.8262	0.8423	−0.0483	m			cm	kg
马桑	mx-388	地下	M_a	$M=aM_a^b$	0.4971	0.8462			1.2810	97		0.7786	32	0.9596	0.8321	−0.1070					kg
马桑	mx-389	整株	D^2H	$M=a(D^2H)^b$	0.0810	0.9030			1.1490	87		0.7170	29	1.2570	0.8810	0.1822	m			cm	kg

续表

优势灌木物种	模型编号	器官	自变量	模型形式	模型系数					统计信息			模型验证				模型各变量单位				
					a	b	c	d	cf	n	R^2 [R]	FI	n	b	R^2 [R]	RE	H	C	A_c	D	M
马桑	mx-390	当年枝叶	C	$M=a\times C$	0.8916					15	0.9369							cm			g
马桑	mx-391	地上	C	$M=a\times C$	1.2803					15	0.9044							cm			g
马桑	mx-392	叶	D	$M=aD^b$	22.264	1.94				51	0.867		13			3.63%	m			cm	g
马桑	mx-393	枝	D	$M=aD^b$	11.24	2.692				51	0.82		13			6.99%	m			cm	g
马桑	mx-394	茎	D^2H	$M=a(D^2H)^b$	0.272	0.911				51	0.937		13			−2.49%	m			cm	g
马桑	mx-395	皮	D	$M=aD^b$	4.676	1.905				51	0.92		13			1.89%	m			cm	g
马桑	mx-396	地上	D	$M=aD^b$	60.329	2.252				51	0.948		13			0.94%	m			cm	g
马缨杜鹃	mx-397	叶	D^2H	$M=a+b\times D^2H$	0.1713	0.0013				20	0.5750		7	0.8504	0.7843	−0.0475	m			cm	kg
马缨杜鹃	mx-398	茎	D^2H	$M=a+b\times D^2H$	0.2235	0.0084				20	0.7065		6	1.0171	0.8156	−0.2216	m			cm	kg
马缨杜鹃	mx-399	地上	D^2H	$M=a+b\times D^2H$	0.3809	0.0097				20	0.7759		7	0.9955	0.8655	−0.1187	m			cm	kg
马缨杜鹃	mx-400	地下	M_a	$M=a+b\times M_a$	−0.0101	0.4318				20	0.7724		7	0.9750	0.8489	−0.0432					kg
马缨杜鹃	mx-401	整株	D^2H	$M=a(D^2H)^b$	0.3210	0.3950			1.4920	18		0.4740	6	0.9930	0.8090	0.2198	m			cm	kg
满山红	mx-402	叶	D^2H	$M=a+b\times D^2H$	0.0056	0.0011				13	0.6983		4	0.9779	0.7970	−0.1535	m			cm	kg
满山红	mx-403	茎	D^2H	$M=a+b\times D^2H$	−0.0082	0.0222				22	0.9113		7	0.9324	0.7338	−0.0756	m			cm	kg
满山红	mx-404	地上	D^2H	$M=a+b\times D^2H$	−0.0064	0.0233				22	0.8945		8	0.9075	0.7675	−0.0589	m			cm	kg
满山红	mx-405	地下	M_a	$M=aM_a^b$	0.4460	0.7689			1.3207	22		0.8448	7	0.9977	0.8192	−0.1458					kg
满山红	mx-406	整株	D^2H	$M=a+b\times D^2H$	0.0040	0.0380				21	0.9030		7	0.8730	0.7420	0.1503	m			cm	kg
满树星[1]	mx-407	整株	A_c	$M=a+b\times A_c+c\times A_c^2$	10.658	15.652	170.237			26		0.904							m²		g
毛刺锦鸡儿	mx-408	叶	V_c	$M=aV_c^b$	0.1221	0.3938			1.0265	20		0.5507	7	0.9706	0.9435	−0.0132	m		m²		kg
毛刺锦鸡儿	mx-409	地上	A_c	$M=aA_c^b$	0.6567	0.6397			1.0898	20		0.4306	7	0.9385	0.8659	−0.0510	m		m²		kg
毛刺锦鸡儿	mx-410	地下	A_c	$M=aA_c^b$	0.3628	1.4857			1.1343	20		0.6385	7	0.9421	0.8382	−0.0689	m		m²		kg
毛刺锦鸡儿	mx-411	整株	A_c	$M=aA_c^b$	1.0320	0.8210			1.0720	18		0.5720	6	0.9640	0.9020	0.0373	m		m²		kg
毛刺锦鸡儿	mx-412	地上	A_c	$M=a+b\times A_c$	-14.2216	806.7474				40	[0.9022]						cm		m²		g
毛榛	mx-413	地上	D_{10}^2H	$M=a(D_{10}^2H)^b$	2.037	0.404				52	0.767					0.0102					

续表

优势灌木物种	模型编号	器官	自变量	模型形式	模型系数					统计信息			模型验证				模型各变量单位				
					a	b	c	d	cf	n	R^2 [R]	FI	n	b	R^2 [R]	RE	H	C	A_c	D	M
茅栗	mx-414	叶	D^2H	$M=a(D^2H)^b$	0.0096	0.6317			1.3301	35		0.3051	12	0.8677	0.6926	−0.1313	m			cm	kg
茅栗	mx-415	当年枝	D^2H	$M=a(D^2H)^b$	0.0046	0.7154			1.1458	19		0.2814	6	0.9791	0.7861	−0.1097	m			cm	kg
茅栗	mx-416	茎	D^2H	$M=a+b\times D^2H$	0.0406	0.0243				35	0.8009		12	0.9172	0.8988	−0.0216	m			cm	kg
茅栗	mx-417	地上	D^2H	$M=a(D^2H)^b$	0.0287	1.0051			1.2043	35		0.7673	12	1.1185	0.8928	−0.1503	m			cm	kg
茅栗	mx-418	地下	M_a	$M=aM_a^b$	0.5071	0.5879			1.2562	35		0.3943	12	0.9084	0.7577	−0.1045					kg
茅栗	mx-419	整株	D^2H	$M=a(D^2H)^b$	0.0900	0.8100			1.1620	32		0.7260	10	1.0570	0.8870	0.1083	m			cm	kg
美丽胡枝子	mx-420	当年枝叶	C	$M=a\times C$	0.4925					15	0.8998							cm			g
美丽胡枝子	mx-421	地上	C	$M=a\times C$	0.8227					15	0.9566							cm			g
美丽胡枝子①	mx-422	叶	D^2H	$M=a+b\times D^2H+c\times(D^2H)^2$	0.0293	0.0397	−0.0004			≥25	0.9372						cm			mm	g
美丽胡枝子①	mx-423	茎	D^2H	$M=a+b\times D^2H+c\times(D^2H)^2$	0.1588	0.3866	−0.0034			≥25	0.9587						cm			mm	g
美丽胡枝子①	mx-424	地下	V_c	$M=a+b\times V_c+c\times V_c^2$	1.606	-35.311	1216.9283			≥25	0.6511						cm	cm			g
美丽胡枝子①	mx-425	整株	D^2H	$M=a+b\times D^2H+c\times(D^2H)^2$	0.6796	0.5962	−0.0042			≥25	0.9613						cm			mm	g
美丽胡枝子①	mx-426	整株	A_c	$M=a+b\times A_c+c\times A_c^2$	2.17	9.462	266. 309			23		0.825							m^2		g
蒙古扁桃	mx-427	叶	V_c	$M=a+b\times V_c$	0.0047	0.1286				20	0.8482		6	0.9962	0.9097	−0.0639	m		m^2		kg
蒙古扁桃	mx-428	茎	V_c	$M=a+b\times V_c$	0.0155	0.8496				20	0.8073		6	0.9478	0.8101	−0.0862	m		m^2		kg
蒙古扁桃	mx-429	地上	V_c	$M=a+b\times V_c$	0.0201	0.9781				20	0.8245		6	0.9507	0.8281	−0.0743	m		m^2		kg
蒙古扁桃	mx-430	地下	M_a	$M=a+b\times M_a$	0.0071	0.5357				20	0.7132		6	0.9621	0.8045	−0.1526					kg
蒙古扁桃	mx-431	整株	A_c	$M=a+b\times A_c$		1.0690				17	0.7750		6	0.9200	0.7920	0.1052	m		m^2		kg
蒙古扁桃	mx-432	地上	V_c	$M=aV_c^b$	1005.17	0.98				22	0.882						m		m^2		
蒙古扁桃	mx-433	地下	V_c	$M=aV_c^b$	451.74	0.88				22	0.572						m		m^2		
蒙古绣线菊	mx-434	叶	V_c	$M=aV_c^b$	0.1679	1.0735			1.1047	22		0.6280	8	0.9441	0.8689	−0.0428	m		m^2		kg

续表

优势灌木物种	模型编号	器官	自变量	模型形式	模型系数					统计信息			模型验证				模型各变量单位				
					a	b	c	d	cf	n	R^2 [R]	FI	n	b	R^2 [R]	RE	H	C	A_c	D	M
蒙古绣线菊	mx-435	当年枝	V_c	$M=aV_c^b$	0.0346	0.8161			1.0989	19		0.5285	6	0.9237	0.8611	−0.0395	m		m^2		kg
蒙古绣线菊	mx-436	茎	V_c	$M=aV_c^b$	1.4469	1.3884			1.1595	22		0.7820	8	0.9818	0.8845	−0.0859	m		m^2		kg
蒙古绣线菊	mx-437	地上	V_c	$M=aV_c^b$	1.5193	1.3094			1.1181	22		0.7810	8	0.9504	0.8937	−0.0497	m		m^2		kg
蒙古绣线菊	mx-438	地下	M_a	$M=a+b\times M_a$	−0.0002	0.7869				22	0.5162		8	0.9668	0.7731	−0.0967					kg
蒙古绣线菊	mx-439	整株	V_c	$M=aV_c^b$	2.3310	1.2790			1.1600	20		0.5140	7	0.9320	0.8030	0.0777	m		m^2		kg
蒙古绣线菊	mx-440	地上	V_c	$M=aV_c^b$	1485.52	1.26				30	0.794						m		m^2		
蒙古绣线菊	mx-441	地下	A_c	$M=aA_c^b$	22348.06	4.27				30	0.619								m^2		
蒙古岩黄耆	mx-442	整株	D、H、A_c	$M=e^aD^bH^cA_c^d$	−5.3381	1.5112	0.8604	0.237		67	[0.942]						cm		m^2	cm	kg
蒙古岩黄耆	mx-443	整株	D、H、A_c	$M=aD^bH^cA_c^d$	1.071	1.442	0.507	0.745		57	[0.95]					0.0218	cm		m^2	cm	kg
绵刺	mx-444	叶	V_c	$M=a+b\times V_c$	0.0006	0.2218				27	0.9335		9	0.9758	0.9478	−0.0035	m		m^2		kg
绵刺	mx-445	茎	V_c	$M=a+b\times V_c$	0.0035	1.0960				27	0.8153		9	0.9492	0.8778	−0.0284	m		m^2		kg
绵刺	mx-446	地上	V_c	$M=a+b\times V_c$	0.0041	1.3175				27	0.8501		9	0.9548	0.9055	−0.0117	m		m^2		kg
绵刺	mx-447	地下	M_a	$M=aM_a^b$	0.1607	0.6036			1.1390	27		0.2752	9	0.9368	0.7658	−0.0745					kg
绵刺	mx-448	整株	V_c	$M=aV_c^b$	0.3600	0.5140			1.1400	24		0.6380	8	0.9440	0.8630	0.0562	m		m^2		kg
绵刺	mx-449	地上	V_c	$M=aV_c^b$	877.81	0.85				36	0.833						m		m^2		
绵刺	mx-450	地下	V_c	$M=aV_c^b$	56.46	0.28				36	0.214						m		m^2		
膜果麻黄	mx-451	地上	C	$M=aC^b$	615.86	2.02				32	0.839							m			
膜果麻黄	mx-452	地下	C	$M=aC^b$	1072.79	3.21				32	0.894							m			
牡荆[①]	mx-453	整株	A_c	$M=a+b\times A_c+c\times A_c^2$	3.481	156.458	14. 630			35		0.848							m^2		g
牡荆[①]	mx-454	整株	D^2H	$M=a+b\times D^2H$	2.8854	0.0071				24	0.812		5			0.159	cm			mm	g
木荷	mx-455	叶	D^2H	$M=a+b\times D^2H$	0.0320	0.0035				15	0.6854		5	0.9125	0.8325	−0.0958	m			cm	kg
木荷	mx-456	茎	D^2H	$M=a+b\times D^2H$	0.0563	0.0223				15	0.8636		5	0.9546	0.8987	−0.1295	m			cm	kg
木荷	mx-457	地上	D^2H	$M=a+b\times D^2H$	0.0809	0.0262				16	0.8706		5	0.9672	0.8954	−0.1457	m			cm	kg

续表

优势灌木物种	模型编号	器官	自变量	模型形式	模型系数					统计信息			模型验证				模型各变量单位				
					a	b	c	d	cf	n	R^2 [R]	FI	n	b	R^2 [R]	RE	H	C	A_c	D	M
木荷	mx-458	地下	M_a	$M=a+b\times M_a$	0.1012	0.2109				16	0.2730		5	0.8453	0.6765	−0.1589					kg
木荷	mx-459	整株	D^2H	$M=a+b\times D^2H$	0.1710	0.0320				16	0.8320		5	0.9640	0.8830	0.1215	m			cm	kg
南蛇藤	mx-460	叶	D^2H	$M=a+b\times D^2H$	0.0032	0.0071				15	0.5549		5	0.9237	0.7383	−0.1658	m			cm	kg
南蛇藤	mx-461	茎	D^2H	$M=a(D^2H)^b$	0.0467	0.9662			1.0905	15		0.9442	5	0.9812	0.9603	−0.0291	m			cm	kg
南蛇藤	mx-462	地上	D^2H	$M=a(D^2H)^b$	0.0581	0.9384			1.1107	15		0.9298	5	0.9924	0.9549	−0.0428	m			cm	kg
南蛇藤	mx-463	地下	D^2H	$M=a(D^2H)^b$	0.0292	0.7569			1.2081	15		0.5757	5	1.0320	0.7917	−0.1572	m			cm	kg
南蛇藤	mx-464	整株	D^2H	$M=a(D^2H)^b$	0.0940	0.8700			1.0660	14		0.9400	4	1.0200	0.9610	0.0417	m			cm	kg
南烛	mx-465	叶	D^2H	$M=a(D^2H)^b$	0.0109	0.6738			1.2543	70		0.5798	23	0.8089	0.8130	−0.0162	m			cm	kg
南烛	mx-466	当年枝	D^2H	$M=a(D^2H)^b$	0.0033	0.7464			1.1995	28		0.5631	9	0.9148	0.8336	−0.0693	m			cm	kg
南烛	mx-467	茎	D^2H	$M=a(D^2H)^b$	0.0397	0.7423			1.3947	75		0.6590	25	0.9494	0.8381	−0.1309	m			cm	kg
南烛	mx-468	地上	D^2H	$M=a(D^2H)^b$	0.0494	0.7627			1.3716	76		0.7209	25	1.0009	0.8695	−0.1380	m			cm	kg
南烛	mx-469	地下	M_a	$M=aM_a^b$	0.5483	0.8124			1.3526	75		0.5400	25	1.1031	0.7852	−0.2106					kg
南烛	mx-470	整株	D^2H	$M=a(D^2H)^b$	0.1050	0.7240			1.3020	68		0.7740	23	1.0960	0.8880	0.1620	m			cm	kg
南烛[①]	mx-471	整株	V_c	$M=aV_c^b$	264.773	0.748			1.268	13		0.645					m		m^2		g
柠条锦鸡儿	mx-472	地上	D	$M=aD^b$	55.59	2.623				18	[0.994]									cm	g
柠条锦鸡儿	mx-473	整株	H、A_c	$M=a+b\times H+c\times A_c$	0.0788	0.2398	0.3459				[0.8202]					0.01 ~ 0.27					kg
柠条锦鸡儿	mx-474	地上	A_c、N	$M=aA_c^bN^c$	0.6087	0.9233	0.2145			106	0.695					−0.02%			m^2		kg
柠条锦鸡儿	mx-475	地下	A_c、N	$M=aA_c^bN^c$	1.0481	0.6278	0.2145			106	0.4824					−0.43%			m^2		kg
柠条锦鸡儿	mx-476	地上	V_c	$M=aV_c^b$	363.51	0.53				13	0.582						m		m^2		
柠条锦鸡儿	mx-477	地下	C	$M=aC^b$	461.14	2.06				13	0.444							m			
柠条锦鸡儿	mx-478	整株	C、H	$M=a(CH)^b$	1.245	0.826				17	0.932						cm	cm			g
柠条锦鸡儿	mx-479	整株	D^2H	$M=a(D^2H)^b$	0.86971	0.91737				32	0.889						cm			cm	g
柠条锦鸡儿	mx-480	叶	V_c	$M=aV_c^b$	0.011	0.62				9	0.769						cm		cm^2		g
柠条锦鸡儿	mx-481	当年枝	C、H	$M=a(CH)^b$	0.003	0.884				9	0.502						cm	cm			g

续表

优势灌木物种	模型编号	器官	自变量	模型形式	模型系数					统计信息			模型验证				模型各变量单位				
					a	b	c	d	cf	n	R^2 [R]	FI	n	b	R^2 [R]	RE	H	C	A_c	D	M
柠条锦鸡儿	mx-482	老枝	V_c	$M=aV_c^b$	0.02	0.645				9	0.862						cm		cm^2		g
柠条锦鸡儿	mx-483	地上	V_c	$M=aV_c^b$	0.032	0.643				9	0.928						cm		cm^2		g
糯米条	mx-484	地上	D^2H	$M=a(D^2H)^b$	0.0394	0.5334			1.1110	12		0.3172	4	1.0351	0.8456	–0.1370	m			cm	kg
糯米条	mx-485	地下	D^2H	$M=a(D^2H)^b$	0.0249	0.8841			1.0902	12		0.4466	4	1.0483	0.8734	–0.1050	m			cm	kg
糯米条	mx-486	整株	D^2H	$M=a+b\times D^2H$		0.0610				10	0.8180		4	0.8720	0.8220	0.1029	m			cm	kg
泡泡刺	mx-487	叶	A_c	$M=aA_c^b$	0.0328	0.7370			1.1537	23		0.5144	8	0.8876	0.8363	–0.0484	m		m^2		kg
泡泡刺	mx-488	当年枝	V_c	$M=a+b\times V_c$	–0.0005	0.1264				17	0.6056		6	0.8623	0.6982	0.0016	m		m^2		kg
泡泡刺	mx-489	茎	V_c	$M=a+b\times V_c$	0.0121	0.6425				23	0.4918		8	0.8686	0.8151	–0.0103	m		m^2		kg
泡泡刺	mx-490	地上	A_c	$M=aA_c^b$	0.1645	0.7146			1.1207	23		0.5172	8	0.9508	0.8625	–0.0572	m		m^2		kg
泡泡刺	mx-491	地下	M_a	$M=aM_a^b$	0.1559	0.6298			1.2442	23		0.2483	8	0.7962	0.7091	–0.0576					kg
泡泡刺	mx-492	整株	A_c	$M=aA_c^b$	0.1870	0.5610			1.1450	21		0.3520	7	0.9220	0.8190	0.0564	m		m^2		kg
泡泡刺	mx-493	地上	V_c	$M=aV_c^b$	235	0.47				38	0.581						m		m^2		
泡泡刺	mx-494	整株	D^2H	$M=a(D^2H)^b$	5.6004	0.9029				17	0.9982						cm			cm	g
槭	mx-495	叶	D^2H	$M=a(D^2H)^b$	0.0100	0.7417			1.0686	13		0.8233	4	0.9902	0.9345	–0.0434	m			cm	kg
槭	mx-496	茎	D^2H	$M=a(D^2H)^b$	0.0192	0.8662			1.0349	14		0.9300	4	0.9904	0.9693	–0.0143	m			cm	kg
槭	mx-497	地上	D^2H	$M=a(D^2H)^b$	0.0287	0.8554			1.0388	14		0.9153	4	1.0083	0.9630	–0.0320	m			cm	kg
槭	mx-498	整株	D^2H	$M=a(D^2H)^b$	0.0370	0.7960			1.0370	12		0.8790	4	1.0140	0.9540	0.0304	m			cm	kg
青冈	mx-499	叶	D^2H	$M=a(D^2H)^b$	0.0112	0.7079			1.4816	13		0.5434	4	1.0816	0.8409	–0.2637	m			cm	kg
青冈	mx-500	茎	D^2H	$M=a+b\times D^2H$	0.0280	0.0231				13	0.9697		4	0.9974	0.9722	–0.0087	m			cm	kg
青冈	mx-501	地上	D^2H	$M=a+b\times D^2H$	0.0603	0.0274				13	0.9485		4	1.0104	0.9575	–0.0653	m			cm	kg
青冈	mx-502	地下	M_a	$M=aM_a^b$	0.3866	0.7530			1.0630	13		0.8621	4	1.0435	0.9405	–0.0644					kg
青冈	mx-503	整株	D^2H	$M=a(D^2H)^b$	0.0970	0.7470			1.0460	11		0.8470	4	0.9350	0.9660	–0.0145	m			cm	kg
箬竹[①]	mx-504	整株	D	$M=aD^b$	0.319	2.522				12~15	0.95						m			mm	g
三裂绣线菊	mx-505	地上	V_c	$M=aV_c^b$	1076.92	1.23				27	0.857						m		m^2		

续表

优势灌木物种	模型编号	器官	自变量	模型形式	模型系数					统计信息			模型验证				模型各变量单位				
					a	b	c	d	cf	n	R^2 [R]	FI	n	b	R^2 [R]	RE	H	C	A_c	D	M
三裂绣线菊	mx-506	地下	V_c	$M=aV_c^b$	985.1	1.06				27	0.907						m		m^2		
三裂绣线菊	mx-507	叶	D^2H	$M=a(D^2H)^b$	0.0243	1.0987				8	[0.9596]										
三裂绣线菊	mx-508	茎	D^2H	$M=a(D^2H)^b$	0.3943	0.9533				8	[0.7504]										
三裂绣线菊	mx-509	地下	D^2H	$M=a(D^2H)^b$	1.1857	0.8847				8	[0.8163]										
沙冬青	mx-510	叶	A_c	$M=a+b\times A_c$	−0.0145	0.2687				25	0.6299		8	1.0266	0.8135	−0.0782	m		m^2		kg
沙冬青	mx-511	茎	V_c	$M=aV_c^b$	0.5442	0.6507			1.2568	25		0.6370	8	0.9883	0.8004	−0.1448	m		m^2		kg
沙冬青	mx-512	地上	A_c	$M=a+b\times A_c$	−0.0354	0.8806				25	0.8035		8	0.9399	0.8612	0.0143	m		m^2		kg
沙冬青	mx-513	地下	M_a	$M=aM_a^b$	0.3216	0.9295			1.0523	25		0.9158	8	1.0226	0.9573	−0.0415					kg
沙冬青	mx-514	整株	A_c	$M=aA_c^b$	0.8360	0.8600			1.0960	22		0.7060	8	0.9000	0.8770	0.0179	m		m^2		kg
沙冬青	mx-515	地上	A_c	$M=aA_c^b$	902.43	1.28				33	0.886								m^2		
沙冬青	mx-516	地下	A_c	$M=aA_c^b$	271.48	1.03				33	0.814								m^2		
沙拐枣	mx-517	整株	C、H	$M=a+b\times CH$	374.58	0.093				18	0.934						cm	cm			g
沙拐枣	mx-518	地上	A_c	$M=a+b\times A_c$	0.3278	0.8567					[0.8973]						cm		m^2	cm	kg
沙棘	mx-519	叶	D^2H	$M=a(D^2H)^b$	0.1988	2.1332				14	0.8263										
沙棘	mx-520	茎枝	D^2H	$M=a(D^2H)^b$	0.2993	2.1344				14	0.8568										
沙棘	mx-521	地下	D^2H	$M=a(D^2H)^b$	2.0269	1.6113				14	0.8956										
砂生槐	mx-522	叶	D^2H	$M=a+b\times D^2H$	0.0238	0.0093				19	0.6213		6	0.9674	0.8520	−0.0472	m			cm	kg
砂生槐	mx-523	茎	D^2H	$M=a(D^2H)^b$	0.0651	0.7443			1.2106	19		0.6466	6	0.9334	0.8433	−0.0878	m			cm	kg
砂生槐	mx-524	地上	D^2H	$M=a+b\times D^2H$	0.0627	0.0476				19	0.7670		6	0.9386	0.8861	−0.0328	m			cm	kg
砂生槐	mx-525	地下	M_a	$M=aM_a^b$	0.4741	0.9906			1.1139	19		0.5931	6	1.0498	0.8580	−0.1089					kg
砂生槐	mx-526	整株	D^2H	$M=a(D^2H)^b$	0.1420	0.6940			1.2030	17		0.6120	6	0.9340	0.8370	0.0782	m			cm	kg
砂生槐	mx-527	叶	V_c	$M=aV_c^b$	0.3719	0.7742			1.3813	38		0.7172	13	1.0460	0.8064	−0.1673	m		m^2		kg
砂生槐	mx-528	茎	A_c	$M=a+b\times A_c$	0.0086	0.8158				32	0.8145		10	0.9185	0.8552	−0.0725	m		m^2		kg
砂生槐	mx-529	地上	A_c	$M=a+b\times A_c$	0.0018	1.1343				38	0.8287		13	0.9240	0.8696	−0.0615	m		m^2		kg

续表

优势灌木物种	模型编号	器官	自变量	模型形式	模型系数					统计信息			模型验证				模型各变量单位				
					a	b	c	d	cf	n	R^2 [R]	FI	n	b	R^2 [R]	RE	H	C	A_c	D	M
砂生槐	mx-530	地下	M_a	$M=aM_a^b$	0.8685	0.8507			1.0970	35		0.9490	12	0.9971	0.9636	−0.0415					kg
砂生槐	mx-531	整株	A_c	$M=a+b\times A_c$	0.0490	2.1030				34	0.8300		12	0.9050	0.8620	0.0587	m		m^2		kg
山刺玫	mx-532	叶	D^2H	$M=a+b\times D^2H$	0.0013	0.0133				30	0.6703		10	0.9379	0.8482	−0.0385	m			cm	kg
山刺玫	mx-533	茎	D^2H	$M=a+b\times D^2H$	−0.0027	0.0393				29	0.8234		10	0.9959	0.9210	−0.0279	m			cm	kg
山刺玫	mx-534	地上	D^2H	$M=a+b\times D^2H$	−0.0011	0.0524				31	0.8091		10	0.9831	0.9162	−0.0296	m			cm	kg
山刺玫	mx-535	地下	D^2H	$M=a(D^2H)^b$	0.0342	0.6695			1.1515	32		0.5651	11	0.9236	0.8122	−0.0646	m			cm	kg
山刺玫	mx-536	整株	D^2H	$M=a(D^2H)^b$	0.0850	0.7820			1.0990	29		0.8050	10	0.9520	0.9280	0.0324	m			cm	kg
山矾[①]	mx-537	整株	V_c	$M=aV_c^b$	96.086	0.745			1.158	24		0.81					m		m^2		g
山桂花	mx-538	叶	D^2H	$M=a+b\times D^2H$	0.0103	0.0045				14	0.7793		4	1.0018	0.8280	−0.1550	m			cm	kg
山桂花	mx-539	茎	D^2H	$M=a+b\times D^2H$	−0.0558	0.0290				14	0.8877		4	1.0674	0.8408	−0.0964	m			cm	kg
山桂花	mx-540	地上	D^2H	$M=a+b\times D^2H$	−0.0376	0.0333				15	0.9112		5	1.0456	0.8698	−0.1306	m			cm	kg
山桂花	mx-541	地下	D^2H	$M=a+b\times D^2H$	0.0109	0.0091				15	0.9042		5	0.9634	0.8968	−0.0777	m			cm	kg
山桂花	mx-542	整株	D^2H	$M=a+b\times D^2H$		0.0410				14	0.9650		4	1.0170	0.9020	0.1230	m			cm	kg
山胡椒	mx-543	叶	D^2H	$M=a(D^2H)^b$	0.0060	0.8058			1.6508	28		0.1308	10	1.1141	0.6168	−0.3631	m			cm	kg
山胡椒	mx-544	茎	D^2H	$M=a(D^2H)^b$	0.0315	0.9366			1.0853	28		0.8105	10	0.9190	0.9133	−0.0172	m			cm	kg
山胡椒	mx-545	地上	D^2H	$M=a(D^2H)^b$	0.0384	0.9262			1.0991	28		0.7710	10	0.9383	0.8969	−0.0397	m			cm	kg
山胡椒	mx-546	地下	M_a	$M=aM_a^b$	0.4221	0.9019			1.1523	28		0.6985	10	0.9947	0.8391	−0.0995					kg
山胡椒	mx-547	整株	D^2H	$M=a(D^2H)^b$	0.0610	0.9150			1.1080	26		0.8280	8	0.9770	0.9060	0.0614	m			cm	kg
山鸡椒	mx-548	叶	D^2H	$M=a(D^2H)^b$	0.0059	0.7866			1.1933	44		0.7838	14	1.0827	0.8582	−0.1318	m			cm	kg
山鸡椒	mx-549	当年枝	D^2H	$M=a+b\times D^2H$	0.0618	0.0012				31	0.4467		10	0.8450	0.6904	−0.1561	m			cm	kg
山鸡椒	mx-550	茎	D^2H	$M=a+b\times D^2H$	0.0014	0.0152				44	0.8971		15	0.9724	0.8778	−0.0323	m			cm	kg
山鸡椒	mx-551	地上	D^2H	$M=a+b\times D^2H$	0.0360	0.0167				44	0.9084		15	0.9562	0.8879	−0.0268	m			cm	kg
山鸡椒	mx-552	地下	M_a	$M=aM_a^b$	0.2781	0.8291			1.4022	44		0.7115	15	1.0837	0.7890	−0.2255					kg
山鸡椒	mx-553	整株	D^2H	$M=a+b\times D^2H$	0.0900	0.0210				40	0.9280		14	0.9550	0.9120	0.0153	m			cm	kg

续表

优势灌木物种	模型编号	器官	自变量	模型形式	模型系数					统计信息			模型验证				模型各变量单位				
					a	b	c	d	cf	n	R^2 [R]	FI	n	b	R^2 [R]	RE	H	C	A_c	D	M
山鸡椒[1]	mx-554	整株	D	$M=a+b\times D+c\times D^2$	1.927	−0.874	0.414			12~15	0.982						m			mm	g
山莓[1]	mx-555	整株	A_c	$M=a+b\times A_c+c\times A_c^2$	4.133	33.846	0. 908			26		0.74							m²		g
山莓[1]	mx-556	整株	D^2H	$M=a(D^2H)^b$	0.1685	0.6156				28	0.843		5			0.087	cm			mm	g
山杏	mx-557	叶	D^2H	$M=a(D^2H)^b$	0.0160	0.8205			1.2472	23		0.5461	8	0.9725	0.8246	−0.1364	m			cm	kg
山杏	mx-558	茎	D^2H	$M=a(D^2H)^b$	0.0895	0.7219			1.1006	23		0.7525	8	0.9232	0.9226	−0.0124	m			cm	kg
山杏	mx-559	地上	D^2H	$M=a(D^2H)^b$	0.1114	0.7267			1.0950	23		0.7430	8	0.9388	0.9202	−0.0238	m			cm	kg
山杏	mx-560	地下	D^2H	$M=a(D^2H)^b$	0.0798	0.8316			1.0697	23		0.8539	8	0.9386	0.9525	−0.0052	m			cm	kg
山杏	mx-561	整株	D^2H	$M=a(D^2H)^b$	0.2080	0.7590			1.0610	21		0.8560	7	0.9370	0.9550	0.0003	m			cm	kg
山杏	mx-562	地上	A_c、N	$M=aA_c^bN^c$	1.6518	1.0817	−0.6523			82	0.6718					−3.13%			m²		kg
山杏	mx-563	地下	A_c、N	$M=aA_c^bN^c$	2.5807	0.7332	−0.351			82	0.3636					−4.93%			m²		kg
山杏	mx-564	地上	V_c	$M=aV_c^b$	523.13	1.11				30	0.91						m		m²		
山杏	mx-565	地下	V_c	$M=aV_c^b$	418.79	1.16				30	0.926						m		m²		
山竹岩黄耆	mx-566	整株	C、H	$M=a+b\times CH$	2829.91	0.2551				28	0.881						cm	cm			g
杉木	mx-567	当年枝叶	C	$M=a\times C$	1.1736					15	0.9656							cm			g
杉木	mx-568	地上	C	$M=a\times C$	1.7417					15	0.9682							cm			g
石斑木	mx-569	茎	D^2H	$M=a(D^2H)^b$	0.0429	0.6638			1.1926	33		0.6652	11	0.9111	0.8710	−0.0508	m			cm	kg
石斑木	mx-570	地上	D^2H	$M=a(D^2H)^b$	0.0602	0.5989			1.1713	33		0.5403	11	0.8896	0.8269	−0.0529	m			cm	kg
石斑木	mx-571	地下	M_a	$M=aM_a^b$	0.1879	0.7329			1.1128	33		0.4135	11	0.9722	0.8340	−0.0713					kg
石斑木	mx-572	整株	D^2H	$M=a(D^2H)^b$	0.0870	0.5740			1.1700	30		0.5990	10	0.9280	0.8540	0.0639	m			cm	kg
石斑木	mx-573	整株	V_c	$M=a+b\times V_c$	31.482	682.972				6	0.987						m		m²		g
疏毛绣线菊	mx-574	叶	D^2H	$M=a(D^2H)^b$	0.0037	0.4925			1.0466	15		0.3796	5	0.9844	0.8967	−0.0492	m			cm	kg
疏毛绣线菊	mx-575	茎	D^2H	$M=a(D^2H)^b$	0.0315	0.7612			1.0766	16		0.6055	5	0.9492	0.8957	−0.0395	m			cm	kg
疏毛绣线菊	mx-576	地上	D^2H	$M=a(D^2H)^b$	0.0362	0.7555			1.0612	16		0.6253	5	0.9661	0.9118	−0.0399	m			cm	kg

续表

优势灌木物种	模型编号	器官	自变量	模型形式	模型系数					统计信息			模型验证				模型各变量单位				
					a	b	c	d	cf	n	R^2 [R]	FI	n	b	R^2 [R]	RE	H	C	A_c	D	M
疏毛绣线菊	mx-577	地下	M_a	$M=aM_a^b$	0.1096	0.6720			1.0859	16		0.3694	5	0.9676	0.8638	−0.0557					kg
疏毛绣线菊	mx-578	整株	D^2H	$M=a(D^2H)^b$	0.0490	0.7400			1.0310	14		0.7120	5	0.9910	0.9440	0.0287	m			cm	kg
栓皮栎	mx-579	叶	D^2H	$M=a+b\times D^2H$	0.0717	0.0027				42	0.9028		14	0.8975	0.8548	−0.0310	m			cm	kg
栓皮栎	mx-580	当年枝	D^2H	$M=a(D^2H)^b$	0.0073	0.6643			1.2463	27		0.3284	9	1.0562	0.7211	−0.2227	m			cm	kg
栓皮栎	mx-581	茎	D^2H	$M=a+b\times D^2H$	0.6460	0.0227				42	0.7997		14	0.8309	0.7708	−0.1557	m			cm	kg
栓皮栎	mx-582	地上	D^2H	$M=a+b\times D^2H$	0.7252	0.0252				42	0.8232		14	0.8391	0.7888	−0.1440	m			cm	kg
栓皮栎	mx-583	地下	M_a	$M=aM_a^b$	1.0949	0.6055			1.3725	42		0.7585	14	1.0042	0.8473	−0.1354					kg
栓皮栎	mx-584	整株	D^2H	$M=a(D^2H)^b$	0.2430	0.7060			1.2380	38		0.8560	12	1.0350	0.8650	0.1068	m			cm	kg
水锦树	mx-585	当年枝叶	C	$M=a\times C$	0.2371					15	0.9054							cm			g
水锦树	mx-586	地上	C	$M=a\times C$	0.7714					15	0.9662							cm			g
四川红淡（四川杨桐）[①]	mx-587	整株	V_c	$M=aV_c^b$	287.598	0.888			1.222	20		0.671					m		m²		g
四合木	mx-588	叶	V_c	$M=aV_c^b$	0.1397	0.6013			1.1456	21		0.6794	7	0.9416	0.8800	−0.0433	m		m²		kg
四合木	mx-589	茎	A_c	$M=a+b\times A_c$	−0.0092	0.4256				21	0.9184		7	0.9780	0.9232	−0.0061	m		m²		kg
四合木	mx-590	地上	A_c	$M=a+b\times A_c$	−0.0023	0.5260				21	0.8949		7	0.9762	0.9350	−0.0239	m		m²		kg
四合木	mx-591	地下	M_a	$M=a+b\times M_a$	−0.0015	0.2920				21	0.8277		7	0.9433	0.8289	0.0178					kg
四合木	mx-592	整株	A_c	$M=aA_c^b$	0.5240	0.9130			1.0990	19		0.8450	6	0.9450	0.9250	0.0228	m		m²		kg
四合木	mx-593	地上	A_c	$M=aA_c^b$	870.62	0.637				30	0.637								m²		
四合木	mx-594	地下	A_c	$M=aA_c^b$	428.77	1.08				30	0.408								m²		
酸枣	mx-595	叶	C、H	$M=a(CH)^b$	0.001	1.233				10	0.97						cm	cm			g
酸枣	mx-596	当年枝	C、H	$M=a(CH)^b$	0.058	0.591				10	0.544						cm	cm			g
酸枣	mx-597	老枝	V_c	$M=aV_c^b$	0.003	0.75				10	0.725						cm		cm²		g
酸枣	mx-598	地上	C、H	$M=a(CH)^b$	0.007	1.094				10	0.909						cm	cm			g
酸枣	mx-599	叶	D^2H	$M=a(D^2H)^b$	0.0198	0.5406			1.1840	22		0.4652	8	0.8772	0.8179	−0.0579	m			cm	kg

续表

优势灌木物种	模型编号	器官	自变量	模型形式	模型系数					统计信息			模型验证				模型各变量单位				
					a	b	c	d	cf	n	R^2 [R]	FI	n	b	R^2 [R]	RE	H	C	A_c	D	M
酸枣	mx-600	茎	D^2H	$M=a(D^2H)^b$	0.0400	0.7986			1.0472	22		0.7795	8	0.9902	0.9297	−0.0319	m			cm	kg
酸枣	mx-601	地上	D^2H	$M=a(D^2H)^b$	0.0614	0.7220			1.0548	22		0.7662	8	0.9669	0.9264	−0.0310	m			cm	kg
酸枣	mx-602	地下	M_a	$M=aM_a^b$	0.3261	0.6255			1.0745	22		0.5883	8	0.9387	0.8998	−0.0274					kg
酸枣	mx-603	整株	D^2H	$M=a(D^2H)^b$	0.1210	0.6070			1.0490	20		0.7450	7	0.9530	0.9350	0.0102	m			cm	kg
算盘子	mx-604	茎	D^2H	$M=a(D^2H)^b$	0.0310	0.7861			1.1696	19		0.4365	6	0.9188	0.8106	−0.0889	m			cm	kg
算盘子	mx-605	地上	D^2H	$M=a(D^2H)^b$	0.0426	0.7916			1.1580	19		0.4631	6	0.9489	0.8319	−0.0882	m			cm	kg
算盘子	mx-606	地下	M_a	$M=aM_a^b$	0.2776	0.8413			1.2470	19		0.5883	6	0.9297	0.8393	−0.1069					kg
算盘子	mx-607	整株	D^2H	$M=a(D^2H)^b$	0.0630	0.7150			1.1490	17		0.3240	6	0.9750	0.8290	0.1085	m			cm	kg
梭梭[2]	mx-608	细枝(直径＜3cm)	D^2H	$M=a(D^2H)^b$	0.0748	0.7439					0.973					1.70%	cm			cm	kg
梭梭[3]	mx-609	细枝(直径＜3cm)	D^2H	$M=a(D^2H)^b$	0.0567	0.771					0.971					4.77%	cm			cm	kg
梭梭[4]	mx-610	细枝(直径＜3cm)	D^2H	$M=a(D^2H)^b$	0.2674	0.4408					0.888					1.09%	cm			cm	kg
梭梭[2]	mx-611	粗枝(直径≥3cm)	D^2H	$M=a(D^2H)^b$	0.0097	1.0624					0.93					1.40%	cm			cm	kg
梭梭[3]	mx-612	粗枝(直径≥3cm)	D^2H	$M=a(D^2H)^b$	0.0085	1.028					0.909					−1.95%	cm			cm	kg
梭梭[4]	mx-613	粗枝(直径≥3cm)	D^2H	$M=a(D^2H)^b$	0.0073	0.999					0.981					−0.71%	cm			cm	kg
梭梭[2]	mx-614	地上	D^2H	$M=a(D^2H)^b$	0.0654	0.8748					0.979					6.02%	cm			cm	kg
梭梭[3]	mx-615	地上	D^2H	$M=a(D^2H)^b$	0.0578	0.8499					0.978					4.07%	cm			cm	kg
梭梭[4]	mx-616	地上	D^2H	$M=a(D^2H)^b$	0.0844	0.7416					0.984					5.00%	cm			cm	kg

续表

优势灌木物种	模型编号	器官	自变量	模型形式	模型系数					统计信息			模型验证				模型各变量单位				
					a	b	c	d	cf	n	R^2 [R]	FI	n	b	R^2 [R]	RE	H	C	A_c	D	M
梭梭[5]	mx-617	地下	M_a	$M=a+b\times M_a$	0.9084	0.8119											cm		m^2	cm	kg
梭梭[6]	mx-618	整株	D、H、A_c	$M=aD^bH^cA_c^d$	0.0032	1.517	0.836	1.118			[0.937]						cm		m^2	cm	kg
梭梭	mx-619	整株	C、H	$M=a(CH)^b$	5.27	0.794				14	0.923						cm	cm			g
梭梭	mx-620	整株	D^2H	$M=a(D^2H)^b$	1.3025	0.9423				52	0.9992						cm			cm	g
梭梭	mx-621	当年枝叶	D^2H	$M=a(D^2H)^b$	0.3743	0.4542				20	0.9876		10		[0.9902]	0.0687～0.1622	m			cm	kg
梭梭	mx-622	整株	D^2H	$M=a(D^2H)^b$	0.6841	0.5425				20	0.9903						m			cm	kg
梭梭	mx-623	地上	V_c	$M=aV_c^b$	0.3628	0.9605				20	0.959					0.0218	m		m^2		kg
梭梭	mx-624	地下	M_a	$M=aM_a^b$	0.8737	0.9394				20	0.9011					0.0776					kg
桃金娘	mx-625	整株	V_c	$M=a+b\times V_c$	40.074	1257.33				22	0.668						m		m^2		g
桃金娘	mx-626	地下	M_a	$M=a+b\times M_a$	0.0232	0.5365				119	0.6799		40	0.7906	0.7700	−0.0099					kg
甜槠	mx-627	整株	D^2H	$M=a+b\times D^2H+c\times(D^2H)^2$	-85.43	5.027	−0.008			5	0.995						m			cm	g
铁凉伞[11]	mx-628	整株	D	$M=a+b\times D+c\times D^2$	−2.804	−2.909	1.411			12~15	0.991						m			mm	g
铁仔[1]	mx-629	整株	D^2H	$M=a+b\times D^2H$	2.521	0.007				12~15	0.982						m			mm	g
铁仔	mx-630	叶	D^2H	$M=a+b\times D^2H$	−0.0023	0.0293				29	0.7138		10	0.9974	0.7731	−0.0531	m			cm	kg
铁仔	mx-631	茎	D^2H	$M=a+b\times D^2H$	−0.0058	0.0713				30	0.8051		10	1.0000	0.8466	−0.0043	m			cm	kg
铁仔	mx-632	地上	D^2H	$M=a+b\times D^2H$	−0.0084	0.1021				30	0.7976		10	1.0220	0.8391	−0.0194	m			cm	kg
铁仔	mx-633	地下	M_a	$M=a+b\times M_a$	0.0067	0.2021				25	0.8174		8	0.9698	0.8728	−0.1138					kg
铁仔	mx-634	整株	D^2H	$M=a(D^2H)^b$	0.0960	0.9210			1.2430	27		0.7010	9	0.9830	0.8620	0.0983	m			cm	kg
土庄绣线菊	mx-635	叶	V_c	$M=aV_c^b$	0.0984	0.5541			1.1168	17		0.5871	6	0.9256	0.8426	−0.0628	m		m^2		kg
土庄绣线菊	mx-636	当年枝	V_c	$M=aV_c^b$	0.0332	0.6987			1.2537	16		0.3286	6	0.9638	0.7003	−0.2074	m		m^2		kg
土庄绣线菊	mx-637	茎	V_c	$M=aV_c^b$	1.0434	0.9868			1.1646	17		0.6842	6	1.0081	0.8752	−0.0965	m		m^2		kg
土庄绣线菊	mx-638	地上	V_c	$M=aV_c^b$	1.1322	0.9033			1.1146	17		0.7705	6	0.9763	0.9123	−0.0480	m		m^2		kg

续表

优势灌木物种	模型编号	器官	自变量	模型形式	模型系数					统计信息			模型验证				模型各变量单位				
					a	b	c	d	cf	n	R^2 [R]	FI	n	b	R^2 [R]	RE	H	C	A_c	D	M
土庄绣线菊	mx-639	地下	M_a	$M=a+b\times M_a$	−0.0057	0.8109				17	0.8906		6	1.0160	0.9391	−0.0119					kg
土庄绣线菊	mx-640	整株	V_c	$M=aV_c^b$	2.0550	0.9140			1.1210	16		0.7600	5	1.0080	0.9050	0.0704	m		m^2		kg
土庄绣线菊	mx-641	地上	V_c	$M=aV_c^b$	1069.48	0.85				28	0.719						m		m^2		
土庄绣线菊	mx-642	地下	V_c	$M=aV_c^b$	984.62	0.95				28	0.689						m		m^2		
土庄绣线菊	mx-643	叶	D^2H	$M=a(D^2H)^b$	0.02433	1.0957				9	0.95										
土庄绣线菊	mx-644	茎枝	D^2H	$M=a(D^2H)^b$	0.3942	0.9584				9	0.7503										
土庄绣线菊	mx-645	地下	D^2H	$M=a(D^2H)^b$	1.1857	0.0548				9	0.8162										
驼绒藜	mx-646	叶	A_c	$M=aA_c^b$	0.0586	0.7496			1.0569	27		0.6241	9	0.9710	0.9257	−0.0348	m		m^2		kg
驼绒藜	mx-647	当年枝	V_c	$M=aV_c^b$	0.0477	0.6156			1.0939	26		0.4117	8	0.8927	0.8582	−0.0240	m		m^2		kg
驼绒藜	mx-648	茎	V_c	$M=aV_c^b$	1.7969	1.0386			1.1869	27		0.5930	9	1.0001	0.8688	−0.1099	m		m^2		kg
驼绒藜	mx-649	地上	V_c	$M=aV_c^b$	1.2331	0.8691			1.1200	27		0.6115	9	0.9581	0.8880	−0.0602	m		m^2		kg
驼绒藜	mx-650	地下	M_a	$M=a+b\times M_a$	0.0232	0.4373				27	0.2878		9	0.8715	0.7980	−0.0355					kg
驼绒藜	mx-651	整株	A_c	$M=aA_c^b$	0.4910	0.6990			1.0850	24		0.5300	8	0.9230	0.8910	0.0237	m		m^2		kg
驼绒藜	mx-652	叶	V_c	$M=aV_c^b$	0.003	0.675				29	0.775										
驼绒藜	mx-653	老枝	V_c	$M=aV_c^b$	0.0002	1				29	0.834										
驼绒藜	mx-654	地上	V_c	$M=aV_c^b$	0.002	0.863				29	0.832										
驼绒藜	mx-655	地下	V_c	$M=aV_c^b$	0.005	0.739				29	0.74										
驼绒藜	mx-656	整株	V_c	$M=aV_c^b$	0.006	0.814				29	0.811										
卫矛	mx-657	地上	D_{10}^2H	$M=a(D^2H)^b$	0.489	0.655				64	0.776					−0.0263					
乌苏里绣线菊	mx-658	地上	D_{10}	$M=aD^b$	39.793	2.818				52	0.677					0.1244					
乌药	mx-659	叶	D^2H	$M=a+b\times D^2H$	0.0014	0.0156				27	0.8113		9	0.9600	0.8803	−0.0037	m			cm	kg
乌药	mx-660	当年枝	D^2H	$M=a(D^2H)^b$	0.0102	0.2435			1.0777	14		0.3112	5	0.9539	0.8837	−0.0420	m			cm	kg
乌药	mx-661	茎	D^2H	$M=a(D^2H)^b$	0.0337	0.9570			1.0892	27		0.9555	9	1.0425	0.9633	−0.0579	m			cm	kg
乌药	mx-662	地上	D^2H	$M=a(D^2H)^b$	0.0522	0.9569			1.0989	28		0.9341	10	1.0456	0.9559	−0.0684	m			cm	kg

续表

优势灌木物种	模型编号	器官	自变量	模型形式	模型系数					统计信息			模型验证				模型各变量单位				
					a	*b*	*c*	*d*	cf	*n*	R^2 [*R*]	FI	*n*	*b*	R^2 [R]	RE	*H*	*C*	A_c	*D*	*M*
乌药	mx-663	地下	D^2H	$M=a(D^2H)^b$	0.0264	1.2456			1.4648	27		0.7109	9	0.9199	0.8584	–0.0712	m			cm	kg
乌药	mx-664	整株	D^2H	$M=a(D^2H)^b$	0.0880	1.0660			1.1330	26		0.9230	8	0.9720	0.9360	0.0330	m			cm	kg
西藏锦鸡儿	mx-665	叶	A_c	$M=aA_c^b$	0.1408	0.9880			1.0698	22		0.5776	8	1.0239	0.8874	–0.0690	m		m^2		kg
西藏锦鸡儿	mx-666	茎	A_c	$M=aA_c^b$	1.7671	1.2434			1.1127	22		0.7606	8	0.9948	0.8859	–0.0744	m		m^2		kg
西藏锦鸡儿	mx-667	地上	A_c	$M=aA_c^b$	1.8443	1.2011			1.1000	22		0.7618	8	1.0072	0.8943	–0.0774	m		m^2		kg
西藏锦鸡儿	mx-668	地下	V_c	$M=a+b\times V_c$	0.0277	4.7290				22	0.7637		8	0.9274	0.8927	–0.0169	m		m^2		kg
西藏锦鸡儿	mx-669	整株	A_c	$M=aA_c^b$	2.0500	0.9830			1.0940	20		0.8160	7	0.9950	0.9270	0.0610	m		m^2		kg
细枝岩黄耆	mx-670	整株	*D*、*H*、A_c	$M=e^aD^bH^cA_c^d$	–5.5587	2.121	0.5111	–0.1169		58	[0.964]						cm		m^2	cm	kg
细枝岩黄耆	mx-671	整株	*H*、A_c	$M=a+b\times H+c\times A_c$	–0.2527	0.2408	0.337				[0.9713]					0.11～0.58					kg
细枝岩黄耆	mx-672	整株	*C*、*H*	$M=a+b\times CH$	694.43	0.047				16	0.863						cm	cm			g
狭叶锦鸡儿	mx-673	叶	A_c	$M=a+b\times A_c$	–0.0001	0.0333				44	0.6502		14	0.9115	0.7935	–0.0400	m		m^2		kg
狭叶锦鸡儿	mx-674	茎	V_c	$M=a+b\times V_c$	–0.0038	1.3900				44	0.7501		15	0.9419	0.7756	–0.0455	m		m^2		kg
狭叶锦鸡儿	mx-675	地上	V_c	$M=a+b\times V_c$	–0.0036	1.5067				44	0.7484		15	0.9423	0.7876	–0.0248	m		m^2		kg
狭叶锦鸡儿	mx-676	地下	M_a	$M=aM_a^b$	0.3831	0.7064			1.2742	45		0.6949	15	1.0884	0.8186	–0.1691					kg
狭叶锦鸡儿	mx-677	整株	A_c	$M=aA_c^b$	0.2860	0.8930			1.3750	40		0.4830	14	0.7250	0.7850	0.0165	m		m^2		kg
狭叶锦鸡儿	mx-678	地上	A_c	$M=aA_c^b$	2518.32	1.95				66	0.559								m^2		
狭叶锦鸡儿	mx-679	地下	A_c	$M=aA_c^b$	180.65	0.77				66	0.133								m^2		
狭叶锦鸡儿	mx-680	地上	A_c、*N*	$M=a+b\times A_c+c\times N$	21.9372	579.6873	1.1463			48	[0.9813]						cm		m^2		g
小果蔷薇	mx-681	当年枝叶	*C*	$M=a\times C$	0.8284					15	0.9507							cm			g
小果蔷薇	mx-682	地上	*C*	$M=a\times C$	1.0944					15	0.9469							cm			g
小叶锦鸡儿	mx-683	地上	*H**	$M=a+b\times H$	10.727	1.618					0.936						cm				g
小叶锦鸡儿	mx-684	地下	M_a	$M=aM_a^b$	0.6212	1.3199					0.8262										g
小叶锦鸡儿	mx-685	地上	A_c	$M=aA_c^b$	368.82	1.01				50	0.903								m^2		

续表

优势灌木物种	模型编号	器官	自变量	模型形式	模型系数					统计信息			模型验证				模型各变量单位				
					a	b	c	d	cf	n	R^2 [R]	FI	n	b	R^2 [R]	RE	H	C	A_c	D	M
小叶锦鸡儿	mx-686	地下	A_c	$M=aA_c^b$	474.52	1.16				50	0.811								m²		
兴安杜鹃	mx-687	叶	D^2H	$M=a(D^2H)^b$	0.0121	0.5376			1.0795	12		0.3123	4	1.1116	0.8298	−0.1708	m			cm	kg
兴安杜鹃	mx-688	地上	D^2H	$M=a(D^2H)^b$	0.0274	0.6120			1.1562	14		0.3105	5	0.9927	0.7977	−0.1286	m			cm	kg
兴安杜鹃	mx-689	地下	D^2H	$M=a(D^2H)^b$	0.0213	0.6477			1.1366	14		0.4369	4	1.0234	0.8398	−0.1217	m			cm	kg
兴安杜鹃	mx-690	整株	D^2H	$M=a(D^2H)^b$	0.0590	0.7080			1.1530	13		0.3690	4	1.0920	0.8320	0.1875	m			cm	kg
兴安胡枝子	mx-691	整株	D^2H	$M=a(D^2H)^b$	0.0460	0.7420			1.0450	14		0.6930	5	0.9760	0.9310	0.0292	m			cm	kg
绣线菊	mx-692	叶	D^2H	$M=a+b\times D^2H$	−0.0001	0.0119				26	0.7889		9	0.9528	0.8555	−0.0364	m			cm	kg
绣线菊	mx-693	茎	D^2H	$M=a+b\times D^2H$	0.0181	0.0145				30	0.2975		10	0.8336	0.6443	−0.1549	m			cm	kg
绣线菊	mx-694	地上	D^2H	$M=a(D^2H)^b$	0.0462	0.7750			1.2559	30		0.5806	10	1.1378	0.8355	−0.1892	m			cm	kg
绣线菊	mx-695	地下	M_a	$M=aM_a^b$	0.3508	0.9012			1.2935	27		0.4465	9	0.9327	0.7578	−0.1138					kg
绣线菊	mx-696	整株	D^2H	$M=a+b\times D^2H$	0.0330	0.0350				27	0.4750		9	0.8920	0.7590	0.1025	m			cm	kg
绣线菊[①]	mx-697	叶	D^2H	$M=a(D^2H)^b$	0.0074	0.883				11	0.948						m			cm	kg
绣线菊[①]	mx-698	茎枝	D^2H	$M=a(D^2H)^b$	0.0338	0.943				11	0.852						m			cm	kg
绣线菊[①]	mx-699	整株	D^2H	$M=a(D^2H)^b$	0.0418	0.9393				11	0.9						m			cm	kg
雪层杜鹃	mx-700	叶	A_c	$M=aA_c^b$	0.2217	1.1795			1.4226	50		0.7296	16	1.0619	0.8533	−0.1852	m		m²		kg
雪层杜鹃	mx-701	当年枝	A_c	$M=a+b\times A_c$	0.0077	0.1326				15	0.6289		5	1.0510	0.8284	−0.1804	m		m²		kg
雪层杜鹃	mx-702	茎	A_c	$M=a+b\times A_c$	0.0166	1.2833				38	0.8432		13	0.9119	0.8977	−0.0333	m		m²		kg
雪层杜鹃	mx-703	地上	A_c	$M=a+b\times A_c$	0.0000	1.5603				50	0.8564		16	0.9156	0.8971	−0.0396	m		m²		kg
雪层杜鹃	mx-704	地下	M_a	$M=aM_a^b$	0.4864	0.8930			1.1698	46		0.7468	16	0.9164	0.8605	−0.0199					kg
雪层杜鹃	mx-705	整株	V_c	$M=aV_c^b$	3.5430	0.8430			1.5850	44		0.6900	15	1.0890	0.8190	0.2094	m		m²		kg
烟管荚蒾	mx-706	叶	D^2H	$M=a(D^2H)^b$	0.0209	0.5880			1.1752	20		0.7311	6	1.0552	0.8753	−0.1215	m			cm	kg
烟管荚蒾	mx-707	茎	D^2H	$M=a+b\times D^2H$	0.1009	0.0258				20	0.9090		7	0.9500	0.9293	−0.0281	m			cm	kg
烟管荚蒾	mx-708	地上	D^2H	$M=a+b\times D^2H$	0.1282	0.0301				20	0.9025		7	0.9438	0.9261	−0.0270	m			cm	kg
烟管荚蒾	mx-709	地下	M_a	$M=aM_a^b$	0.1567	0.9013			1.2110	20		0.4851	7	0.9776	0.7805	−0.1679					kg

续表

优势灌木物种	模型编号	器官	自变量	模型形式	模型系数					统计信息			模型验证				模型各变量单位				
					a	b	c	d	cf	n	R^2 [R]	FI	n	b	R^2 [R]	RE	H	C	A_c	D	M
烟管荚蒾	mx-710	整株	D^2H	$M=a(D^2H)^b$	0.1080	0.7660			1.1800	18		0.8000	6	1.2650	0.9250	0.2318	m			cm	kg
盐肤木	mx-711	叶	D^2H	$M=a+b\times D^2H$	0.0267	0.0039				86	0.4502		29	0.7416	0.6661	−0.0348	m			cm	kg
盐肤木	mx-712	茎	D^2H	$M=a(D^2H)^b$	0.0322	0.8217			1.1309	88		0.7397	29	0.8460	0.8720	−0.0095	m			cm	kg
盐肤木	mx-713	地上	D^2H	$M=a+b\times D^2H$	0.0492	0.0216				88	0.8062		29	0.9127	0.8920	−0.0067	m			cm	kg
盐肤木	mx-714	地下	M_a	$M=a+b\times M_a$	0.0026	0.2924				88	0.8040		29	0.9240	0.8858	−0.0053					kg
盐肤木	mx-715	整株	D^2H	$M=a+b\times D^2H$	0.0800	0.0280				79	0.7910		26	0.9160	0.8870	0.0094	m			cm	kg
盐肤木	mx-716	当年枝叶	C	$M=a\times C$	0.4979					15	0.97							cm			g
盐肤木	mx-717	地上	C	$M=a\times C$	0.8291					15	0.9562							cm			g
盐肤木[①]	mx-718	整株	A_c	$M=a+b\times A_c+c\times A_c^2$	3.493	74.514	41. 635			18		0.999							m²		g
盐节木	mx-719	整株	D^2H	$M=a(D^2H)^b$	4.3852	1.1755				197	0.948						cm			cm	g
盐穗木	mx-720	整株	D^2H	$M=a(D^2H)^b$	0.4282	1.1404				42	0.9974						cm			cm	g
盐爪爪	mx-721	叶	V_c	$M=aV_c^b$	0.003	0.89				33	0.819										
盐爪爪	mx-722	当年枝	V_c	$M=aV_c^b$	0.001	0.863				33	0.84										
盐爪爪	mx-723	老枝	V_c	$M=aV_c^b$	0.002	0.98				33	0.916										
盐爪爪	mx-724	地上	V_c	$M=aV_c^b$	0.003	0.971				33	0.917										
盐爪爪	mx-725	地下	V_c	$M=aV_c^b$	0.006	0.725				33	0.792										
盐爪爪	mx-726	整株	V_c	$M=aV_c^b$	0.006	0.935				33	0.912										
盐爪爪	mx-727	整株	D^2H	$M=a(D^2H)^b$	78.683	0.5284				61	0.911						cm			cm	g
杨桐	mx-728	叶	D^2H	$M=a+b\times D^2H$	0.0268	0.0018				34	0.2811		12	0.7690	0.6895	−0.0356	m			cm	kg
杨桐	mx-729	当年枝	D^2H	$M=a(D^2H)^b$	0.0052	0.5411			1.0436	12		0.8471	4	1.0303	0.9472	−0.0504	m			cm	kg
杨桐	mx-730	茎	D^2H	$M=a+b\times D^2H$	0.0215	0.0219				34	0.7749		12	0.9506	0.8901	−0.0211	m			cm	kg
杨桐	mx-731	地上	D^2H	$M=a+b\times D^2H$	0.0491	0.0238				34	0.7580		12	0.9540	0.8903	−0.0194	m			cm	kg
杨桐	mx-732	地下	M_a	$M=aM_a^b$	0.6900	0.8441			1.3529	34		0.5507	12	0.8813	0.7694	−0.1282					kg
杨桐	mx-733	整株	D^2H	$M=a+b\times D^2H$	0.1400	0.0440				31	0.5970		10	0.9230	0.8180	0.0435	m			cm	kg

续表

优势灌木物种	模型编号	器官	自变量	模型形式	模型系数					统计信息			模型验证				模型各变量单位				
					a	b	c	d	cf	n	R^2 [R]	FI	n	b	R^2 [R]	RE	H	C	A_c	D	M
野花椒	mx-734	叶	DH	$M=a+b\times DH$	−1.879	0.103				23	0.884		6			13.12%	m			cm	g
野花椒	mx-735	枝	D^2H	$M=a+b\times D^2H$	9.482	0.076				23	0.944		6			−1.66%	m			cm	g
野花椒	mx-736	茎	DH	$M=a(DH)^b$	0.025	1.36				23	0.946		6			1.88%	m			cm	g
野花椒	mx-737	皮	D^2H	$M=a(D^2H)^b$	0.149	0.745				23	0.904		6			3.33%	m			cm	g
野花椒	mx-738	地上	D^2H	$M=a(D^2H)^b$	0.649	0.865				23	0.925		6			0.64%	m			cm	g
野漆[①]	mx-739	整株	D^2H	$M=a+b\times D^2H$	1.253	0.004				12~15	0.916						m			mm	g
腋花杜鹃	mx-740	叶	V_c	$M=a+b\times V_c$	−0.008	0.679					0.681										
腋花杜鹃	mx-741	茎	V_c	$M=a+b\times V_c$	−0.026	2.832					0.986										
腋花杜鹃	mx-742	地下	V_c	$M=a+b\times V_c$	0.142	9.153					0.66										
宜昌荚蒾	mx-743	当年枝叶	C	$M=a\times C$	0.6451					15	0.9652							cm			g
宜昌荚蒾	mx-744	地上	C	$M=a\times C$	1.1938					15	0.9746							cm			g
宜昌木蓝	mx-745	当年枝叶	C	$M=a\times C$	0.2175					15	0.9682							cm			g
宜昌木蓝	mx-746	地上	C	$M=a\times C$	0.7018					15	0.9732							cm			g
油茶	mx-747	叶	D^2H	$M=a(D^2H)^b$	0.0146	0.8223			1.1684	40		0.7591	14	0.9961	0.9012	−0.0772	m			cm	kg
油茶	mx-748	当年枝	D^2H	$M=a(D^2H)^b$	0.0061	0.5479			1.1568	36		0.4150	12	0.9477	0.8359	−0.0724	m			cm	kg
油茶	mx-749	茎	D^2H	$M=a(D^2H)^b$	0.0396	0.9613			1.0806	40		0.7586	14	0.9517	0.9091	−0.0290	m			cm	kg
油茶	mx-750	地上	D^2H	$M=a(D^2H)^b$	0.0563	0.9291			1.0739	40		0.8037	14	0.9384	0.9193	−0.0111	m			cm	kg
油茶	mx-751	地下	D^2H	$M=a(D^2H)^b$	0.0207	0.9530			1.2750	38		0.6407	13	0.9841	0.8320	−0.1061	m			cm	kg
油茶	mx-752	整株	D^2H	$M=a(D^2H)^b$	0.0780	0.9340			1.1000	37		0.8340	12	0.9810	0.9310	0.0364	m			cm	kg
余甘子	mx-753	叶	D^2H	$M=a+b\times D^2H$	0.0324	0.0051				44	0.2184		14	0.9887	0.4697	−0.4358	m			cm	kg
余甘子	mx-754	当年枝	D^2H	$M=a(D^2H)^b$	0.0024	0.4882			1.2635	12		0.4105	4	1.1531	0.8174	−0.2491	m			cm	kg
余甘子	mx-755	茎	D^2H	$M=a(D^2H)^b$	0.0388	0.7708			1.2481	46		0.4781	15	0.9410	0.7328	−0.1303	m			cm	kg
余甘子	mx-756	地上	D^2H	$M=a(D^2H)^b$	0.0525	0.7576			1.2515	46		0.4989	16	0.8583	0.7322	−0.0863	m			cm	kg
余甘子	mx-757	地下	M_a	$M=aM_a^b$	0.4644	0.7349			1.4856	46		0.2944	16	0.8485	0.6051	−0.2076					kg

续表

优势灌木物种	模型编号	器官	自变量	模型形式	模型系数					统计信息			模型验证				模型各变量单位				
					a	b	c	d	cf	n	R^2 [R]	FI	n	b	R^2 [R]	RE	H	C	A_c	D	M
余甘子	mx-758	整株	D^2H	$M=a(D^2H)^b$	0.0980	0.7270			1.2310	42		0.5610	14	0.9140	0.7890	0.0842	m			cm	kg
长梗扁桃	mx-759	叶	V_c	$M=aV_c^b$	0.3447	0.9094			1.1714	16		0.6842	5	0.9954	0.8653	−0.0888	m		m^2		kg
长梗扁桃	mx-760	茎	V_c	$M=a+b\times V_c$	−0.0080	6.2368				16	0.6671		5	0.8932	0.8161	−0.0522	m		m^2		kg
长梗扁桃	mx-761	地上	V_c	$M=a+b\times V_c$	−0.0057	6.7039				16	0.6771		5	0.9224	0.8188	−0.0828	m		m^2		kg
长梗扁桃	mx-762	地下	A_c	$M=aA_c^b$	1.4634	0.9445			1.2546	16		0.4887	5	1.0578	0.8113	−0.1775	m		m^2		kg
长梗扁桃	mx-763	整株	V_c	$M=a+b\times V_c$	0.0690	11.2530				14	0.7270		5	0.9250	0.8800	0.0057	m		m^2		kg
长梗扁桃	mx-764	地上	C	$M=aC^b$	1803.12	2.54				23	0.504							m			
长梗扁桃	mx-765	地下	A_c	$M=aA_c^b$	1369.84	0.89				23	0.488								m^2		
长穗柽柳	mx-766	叶	D^2H	$M=a(D^2H)^b$	0.3276	0.4423				19	0.9987						m			cm	kg
长穗柽柳	mx-767	茎枝	D^2H	$M=a(D^2H)^b$	3.238	0.4411				19	0.9974						m			cm	kg
长穗柽柳	mx-768	地上	D^2H	$M=a(D^2H)^b$	0.5035	0.9987				19	0.9998						m			cm	kg
长托菝葜[①]	mx-769	整株	A_c	$M=a+b\times A_c+c\times A_c^2$	3.209	58.633	127. 311			32		0.789							m^2		g
长托菝葜[①]	mx-770	整株	D^2H	$M=a+b\times D^2H$	0.4752	0.0379					0.902		5			0.064	cm			mm	g
珍珠花	mx-771	叶	V_c	$M=a+b\times V_c$	−0.0002	0.9348				16	0.7101		5	0.9162	0.8043	−0.0966	m		m^2		kg
珍珠花	mx-772	茎	V_c	$M=aV_c^b$	1.4730	0.9143			1.1889	16		0.6480	5	1.0163	0.8326	−0.1445	m		m^2		kg
珍珠花	mx-773	地上	V_c	$M=aV_c^b$	1.7472	0.8880			1.1792	16		0.6843	6	0.9431	0.8609	−0.0849	m		m^2		kg
珍珠花	mx-774	整株	V_c	$M=aV_c^b$	1.8380	0.7350			1.2820	15		0.4270	5	1.0030	0.7800	0.1657	m		m^2		kg
珍珠梅	mx-775	叶	D^2H	$M=a(D^2H)^b$	0.0110	0.7585			1.1136	39		0.6268	13	0.8910	0.8300	−0.0359	m			cm	kg
珍珠梅	mx-776	茎	D^2H	$M=a(D^2H)^b$	0.0174	1.0128			1.0651	37		0.6031	12	1.0278	0.8688	−0.0670	m			cm	kg
珍珠梅	mx-777	地上	D^2H	$M=a(D^2H)^b$	0.0288	0.9435			1.0587	40		0.7187	13	1.0415	0.9012	−0.0649	m			cm	kg
珍珠梅	mx-778	地下	D^2H	$M=a+b\times D^2H$	−0.0113	0.0199				38	0.6947		13	1.1007	0.7850	−0.0262	m			cm	kg
珍珠梅	mx-779	整株	D^2H	$M=a(D^2H)^b$	0.0460	0.8930			1.0670	36		0.8460	12	0.9390	0.9340	0.0104	m			cm	kg
珍珠猪毛菜	mx-780	叶	V_c	$M=aV_c^b$	0.006	0.814				34	0.866										
珍珠猪毛菜	mx-781	老枝	V_c	$M=aV_c^b$	0.004	0.923				34	0.881										

续表

优势灌木物种	模型编号	器官	自变量	模型形式	模型系数					统计信息			模型验证				模型各变量单位				
					a	b	c	d	cf	n	R^2 [R]	FI	n	b	R^2 [R]	RE	H	C	A_c	D	M
珍珠猪毛菜	mx-782	地上	V_c	$M=aV_c^b$	0.009	0.884				34	0.893										
珍珠猪毛菜	mx-783	地下	V_c	$M=aV_c^b$	0.024	0.729				34	0.788										
珍珠猪毛菜	mx-784	整株	V_c	$M=aV_c^b$	0.033	0.806				34	0.876										
榛	mx-785	当年枝	D^2H	$M=a+b\times D^2H$	0.0018	0.0017				23	0.4387		8	0.8723	0.8176	−0.0308	m			cm	kg
榛	mx-786	茎	D^2H	$M=a(D^2H)^b$	0.0317	0.8184			1.1131	70		0.8317	23	0.9973	0.9225	−0.0558	m			cm	kg
榛	mx-787	地上	D^2H	$M=a(D^2H)^b$	0.0474	0.8038			1.0968	73		0.8252	24	0.9970	0.9193	−0.0534	m			cm	kg
榛	mx-788	地下	M_a	$M=aM_a^b$	0.4305	0.7827			1.2666	73		0.2259	24	0.8562	0.6573	−0.1230					kg
榛	mx-789	整株	D^2H	$M=a(D^2H)^b$	0.0910	0.7300			1.1410	65		0.6060	22	1.0410	0.8520	0.1070	m			cm	kg
榛[①]	mx-790	叶	D^2H	$M=a(D^2H)^b$	0.0185	0.6651				18	0.754						m			cm	kg
榛[①]	mx-791	茎枝	D^2H	$M=a(D^2H)^b$	0.0296	0.8465				18	0.849						m			cm	kg
榛[①]	mx-792	整株	D^2H	$M=a(D^2H)^b$	0.0486	0.7953				18	0.925						m			cm	kg
栀子	mx-793	叶	D^2H	$M=a+b\times D^2H$	0.0014	0.0039				20	0.7147		6	0.9034	0.7966	−0.0691	m			cm	kg
栀子	mx-794	茎	D^2H	$M=a+b\times D^2H$	0.0007	0.0183				22	0.7880		7	0.9099	0.8109	−0.0593	m			cm	kg
栀子	mx-795	地上	D^2H	$M=a+b\times D^2H$	0.0019	0.0223				22	0.7967		7	0.8920	0.8114	−0.0442	m			cm	kg
栀子	mx-796	地下	M_a	$M=aM_a^b$	0.3777	1.0012			1.0848	20		0.7502	7	0.9379	0.8980	−0.0200					kg
栀子	mx-797	整株	D^2H	$M=a+b\times D^2H$		0.0350				20	0.8990		7	0.9520	0.8550	0.0806	m			cm	kg
栀子[①]	mx-798	叶	D^2H	$M=a+b\times D^2H+c\times(D^2H)^2$	0.5294	0.0515	0.0004			≥25	0.9609						cm			mm	g
栀子[①]	mx-799	茎	D^2H	$M=a+b\times D^2H+c\times(D^2H)^2$	0.2556	0.1299	0.0004			≥25	0.972						cm			mm	g
栀子[①]	mx-800	地下	D^2H	$M=a+b\times D^2H+c\times(D^2H)^2$	0.4657	0.0591	5.3×10^{-5}			≥25	0.8582						cm			mm	g
栀子[①]	mx-801	整株	D^2H	$M=a+b\times D^2H+c\times(D^2H)^2$	1.2359	0.2417	0.0008			≥25	0.9711						cm			mm	g
栀子[①]	mx-802	整株	A_c	$M=a+b\times A_c+c\times A_c^2$	1.888	73.454	144. 254			33		0.996							m^2		g
中间锦鸡儿	mx-803	叶	V_c	$M=a\times e^{b\cdot V_c}$	0.096	0.496				30~40	0.744					−0.0755	m		m^2		kg

续表

优势灌木物种	模型编号	器官	自变量	模型形式	模型系数					统计信息			模型验证				模型各变量单位				
					a	b	c	d	cf	n	R^2 [R]	FI	n	b	R^2 [R]	RE	H	C	A_c	D	M
中间锦鸡儿	mx-804	茎	H	$M=a\times e^{b\cdot H}$	0.036	3.179				30~40	0.782					0.0352	m				kg
中间锦鸡儿	mx-805	地上	H	$M=a\times e^{b\cdot H}$	0.052	3.054				30~40	0.779					−0.008	m				kg
中间锦鸡儿	mx-806	地下	H	$M=aH^b$	1.302	2.368				30~40	0.739					−0.1483	m				kg
中间锦鸡儿	mx-807	整株	H	$M=a\times e^{b\cdot H}$	0.159	2.685				30~40	0.794					−0.0621	m				kg
中间锦鸡儿	mx-808	地上	A_c、H、N	$M=a+b\times A_c+c\times H+d\times N$	−280.0324	650.4923	13.5172	5.6806		42	[0.9586]						cm		m^2		g
中麻黄	mx-809	当年枝	A_c	$M=aA_c^b$	0.3920	1.0701			1.0406	12		0.9865	4	1.0114	0.9717	−0.0223	m		m^2		kg
中麻黄	mx-810	茎	A_c	$M=a+b\times A_c$	−0.0969	1.8174				26	0.9810		9	1.0722	0.8620	0.0287	m		m^2		kg
中麻黄	mx-811	地上	A_c	$M=a+b\times A_c$	−0.0967	1.8127				26	0.9802		9	1.0664	0.8582	0.0404	m		m^2		kg
中麻黄	mx-812	地下	A_c	$M=a+b\times A_c$	−0.0161	0.6183				26	0.9438		9	0.9865	0.9139	−0.0541	m		m^2		kg
中麻黄	mx-813	整株	A_c	$M=aA_c^b$	1.9320	1.2350			1.0490	23		0.9750	8	0.9450	0.9830	−0.0263	m		m^2		kg
中平树	mx-814	叶	D^2H	$M=a+b\times D^2H$	0.2890	0.0387				14	0.8041		5	0.9466	0.8665	−0.1357	m			cm	kg
中平树	mx-815	茎	D^2H	$M=a+b\times D^2H$	0.8138	0.1855				14	0.8901		5	0.9557	0.9128	−0.0962	m			cm	kg
中平树	mx-816	地上	D^2H	$M=a+b\times D^2H$	1.1383	0.2237				14	0.8781		5	0.9675	0.9053	−0.1257	m			cm	kg
中平树	mx-817	地下	M_a	$M=aM_a^b$	0.1935	0.8193			1.1258	14		0.9730	5	1.0541	0.9909	−0.0705					kg
中平树	mx-818	整株	D^2H	$M=a+b\times D^2H$	1.3590	0.2490				13	0.8720		4	0.9960	0.8920	0.1574	m			cm	kg
紫丁香①	mx-819	叶	D^2H	$M=a(D^2H)^b$	0.0125	0.7853				9	0.884						m			cm	kg
紫丁香①	mx-820	茎枝	D^2H	$M=a(D^2H)^b$	0.0802	0.7927				9	0.928						m			cm	kg
紫丁香①	mx-821	整株	D^2H	$M=a(D^2H)^b$	0.0927	0.7919				9	0.925						m			cm	kg
紫珠①	mx-822	整株	D^2H	$M=a+b\times D^2H$	4.6484	0.0028					0.942		5			0.067	cm			mm	g

注：C 为平均冠幅直径，C_1、C_2 分别为冠幅长轴和短轴，CH 表示冠幅×株高，D 为地上 5cm 处树干直径，D_{10} 为地上 10cm 处树干直径，M 为器官鲜质量，N 为丛生枝条数，P 为冠幅周长，RE 为平均相对误差；*表示变量范围为检验样本的范围；①表示林下灌木层，②表示沙质生态类型，③表示盐土生态类型，④表示石砾质生态类型，⑤适用于天然梭梭林，⑥适用于人工梭梭林

表 3.2　基于文献的混合物种模型参数表

优势灌木物种	研究区域或地点	模型编号	器官	自变量	模型形式	模型系数			统计信息			模型验证
						a	b	cf	n	R^2	FI	RE
沙针、坡柳、石栎、虾子花、朝天罐、水锦树、悬钩子、铁刀木、算盘子、酸藤子、余甘子	云南省临沧市，膏桐种植区	mx-823	地上	D^2H	$M=a(D^2H)^b$	91.643	0.6711		27	0.976		
		mx-824	地下	D	$M=aD^b$	37.879	2.341		27	0.614		
		mx-825	整株	D^2H	$M=a(D^2H)^b$	135.94	0.737		27	0.875		–4.12%
驼绒藜、盐爪爪、珍珠猪毛菜、红砂	腾格里沙漠，荒漠生态系统	mx-826	叶	V_c	$M=aV_c^b$	0.045	0.546		130	0.483		
		mx-827	当年枝	V_c	$M=aV_c^b$	0.005	0.593		130	0.612		
		mx-828	老枝	V_c	$M=aV_c^b$	0.011	0.758		130	0.722		
		mx-829	地上	V_c	$M=aV_c^b$	0.035	0.694		130	0.693		
		mx-830	地下	V_c	$M=aV_c^b$	0.023	0.656		130	0.653		
		mx-831	整株	V_c	$M=aV_c^b$	0.069	0.672		130	0.718		
四川红淡、格药柃、栀子、满树星、美丽胡枝子、檵木、白栎、杜鹃、盐肤木、山莓、长托菝葜、山矾、白檀、轮叶蒲桃、南烛、牡荆	江西千烟洲红壤丘陵区，林下灌木层	mx-832	整株	V_c	$M=aV_c^b$	165.515	0.817	1.36	412		0.715	
大白杜鹃、白背杜鹃、金顶杜鹃、小鞍叶羊蹄甲	四川、云南	mx-833	叶	D^2H	$M=a+b\times D^2H$	0.043	0.004			0.828		
		mx-834	茎	D^2H	$M=a+b\times D^2H$	–0.211	0.064			0.885		
		mx-835	地下	D^2H	$M=a+b\times D^2H$	–0.216	0.082			0.968		
千里香杜鹃、密枝杜鹃、裂毛雪山杜鹃、草原杜鹃、头花杜鹃、金背杜鹃	青海、四川、云南	mx-836	叶	D^2H	$M=a+b\times D^2H$	0.095	0.02			0.979		
		mx-837	茎	D^2H	$M=a+b\times D^2H$	0.199	0.037			0.933		
		mx-838	地下	D^2H	$M=a+b\times D^2H$	0.393	0.061			0.969		

续表

优势灌木物种	研究区域或地点	模型编号	器官	自变量	模型形式	模型系数			统计信息			模型验证
						a	b	cf	n	R^2	FI	RE
千果榄仁、香合欢、岗柃、胡颓子、潺槁木姜子、盐肤木	四川、云南	mx-839	叶	D^2H	$M=a+b\times D^2H$	0.089	0.011			0.9		
		mx-840	茎	D^2H	$M=a+b\times D^2H$	0.26	0.096			0.901		
		mx-841	地下	D^2H	$M=a+b\times D^2H$	−0.226	0.07			0.966		
小果蔷薇、绢毛蔷薇	贵州、四川、云南	mx-842	叶	D^2H	$M=a+b\times D^2H$	−0.001	0.027			0.934		
		mx-843	茎	D^2H	$M=a+b\times D^2H$	0.17	0.06			0.924		
		mx-844	地下	D^2H	$M=a+b\times D^2H$	0.083	0.028			0.955		
一担柴、银柴、银叶锥、锐齿槲栎、唐梨	四川、云南	mx-845	叶	D^2H	$M=a+b\times D^2H$	0.054	0.003			0.908		
		mx-846	茎	D^2H	$M=a+b\times D^2H$	0.064	0.018			0.989		
		mx-847	地下	D^2H	$M=a+b\times D^2H$	0.237	0.015			0.867		
高山柏、香柏	四川、西藏	mx-848	叶	V_c	$M=a+b\times V_c$	0.283	1.466			0.909		
		mx-849	茎	V_c	$M=a+b\times V_c$	−0.466	3.86			0.905		
		mx-850	地下	V_c	$M=a+b\times V_c$	0.065	6.265			0.897		
红棕杜鹃、单色杜鹃	西藏	mx-851	叶	V_c	$M=a+b\times V_c$	0.012	0.181			0.858		
		mx-852	茎	V_c	$M=a+b\times V_c$	−0.027	3.15			0.932		
		mx-853	地下	V_c	$M=a+b\times V_c$	−0.05	1.97			0.976		

表 3.3　作者构建的混合物种模型参数表

植被分区	枝干形态	模型编号	器官	自变量	模型形式	模型系数			统计信息			模型验证			
						a	b	cf	n	R^2	FI	n	b	R^2	RE
温带针叶、落叶阔叶混交林区域	类型 a	mx-854	叶	D^2H	$M=a+b\times D^2H$	0.0051	0.0065		53	0.7952		18	0.9455	0.8711	−0.0832
		mx-855	茎枝	D^2H	$M=a(D^2H)^b$	0.0202	0.7399	1.2698	56		0.6338	18	0.8956	0.7624	−0.0989
		mx-856	地上	D^2H	$M=a(D^2H)^b$	0.0323	0.7954	1.2187	64		0.8047	22	1.0825	0.8845	−0.1179
		mx-857	地下	D^2H	$M=a+b\times D^2H$	−0.0026	0.0225		63	0.7751		21	1.0167	0.7457	−0.0008
		mx-858	整株	D^2H	$M=a+b\times D^2H$	0.0121	0.0397		57	0.8642		19	0.9023	0.8689	−0.0099
暖温带落叶阔叶林区域	类型 a	mx-859	地下	M_a	$M=aM_a^b$	0.0119	0.6172		44	0.4026		15	0.7813	0.6449	−0.0937
亚热带常绿阔叶林区域	类型 a	mx-860	叶	D^2H	$M=a+b\times D^2H$	0.0487	0.0028		510	0.3354		170	0.4744	0.4649	−0.0196
		mx-861	茎枝	D^2H	$M=a+b\times D^2H$	0.0669	0.0266		516	0.6205		172	0.7747	0.7042	−0.0191
		mx-862	地上	D^2H	$M=a+b\times D^2H$	0.1169	0.0294		520	0.6156		174	0.7593	0.7051	−0.0193
		mx-863	地下	M_a	$M=aM_a^b$	0.3753	0.8094	1.4315	515		0.5710	172	0.8887	0.6828	−0.1144
		mx-864	整株	D^2H	$M=a+b\times D^2H$	0.2652	0.0367		522	0.6181		174	0.7331	0.7033	−0.0067
温带草原区域	类型 a	mx-865	地下	M_a	$M=aM_a^b$	0.6523	0.8572	1.1068	25		0.7412	8	0.9770	0.8752	−0.0521
温带荒漠区域	类型 a	mx-866	地下	M_a	$M=aM_a^b$	0.8547	0.6110	1.1320	10		0.6368	3	1.0167	0.8822	−0.0918
亚热带常绿阔叶林区域	类型 c	mx-867	地下	M_a	$M=aM_a^b$	0.6561	0.7998	1.1974	24		0.8274	8	0.9267	0.9156	−0.0371
温带草原区域	类型 c	mx-868	叶	A_c	$M=aA_c^b$	0.0778	0.9059	1.2669	33		0.6171	11	0.8935	0.7965	−0.0766
		mx-869	茎枝	A_c	$M=a+b\times A_c$	0.0211	0.4208		33	0.5613		11	0.7798	0.6922	−0.0719
		mx-870	地上	A_c	$M=a+b\times A_c$	0.0249	0.5094		34	0.6301		11	0.8028	0.7389	−0.0639
		mx-871	地下	M_a	$M=aM_a^b$	0.7294	0.9674	1.3231	31		0.3361	10	0.9720	0.7506	−0.1415
		mx-872	整株	A_c	$M=a+b\times A_c$	−0.0214	1.3520		34	0.5550		11	0.9172	0.7027	−0.1155

续表

植被分区	枝干形态	模型编号	器官	自变量	模型形式	模型系数			统计信息			模型验证			
						a	b	cf	n	R^2	FI	n	b	R^2	RE
温带荒漠区域	类型 c	mx-873	叶	A_c	$M=a+b\times A_c$	0.0118	0.0611		29	0.5373		10	0.9305	0.7371	−0.1772
		mx-874	当年枝	V_c	$M=a+b\times V_c$	−0.0075	0.8093		32	0.4389		10	0.6903	0.5644	−0.1601
		mx-875	茎枝	A_c	$M=a+b\times A_c$	0.1359	1.1531		32	0.5305		10	0.8295	0.7612	−0.0913
		mx-876	地上	A_c	$M=a+b\times A_c$	0.1480	1.1480		32	0.5435		10	0.8150	0.7718	−0.0552
		mx-877	地下	A_c	$M=a+b\times A_c$	0.0855	0.4036		32	0.5621		10	0.8363	0.7889	−0.0392
		mx-878	整株	A_c	$M=a+b\times A_c$	0.2306	1.5633		32	0.6258		10	0.8812	0.8317	−0.0550
青藏高原高寒植被区域	类型 c	mx-879	叶	V_c	$M=aV_c^b$	0.1070	0.5057	1.3610	35		0.3436	12	1.1758	0.6628	−0.3163
		mx-880	当年枝	V_c	$M=aV_c^b$	0.0934	0.7138	1.2479	11		0.4592	4	1.0822	0.7712	−0.2479
		mx-881	茎枝	A_c	$M=aA_c^b$	0.3413	0.5325	1.4583	22		0.2635	8	0.9182	0.6241	−0.2422
		mx-882	地上	A_c	$M=a+b\times A_c$	0.1375	0.2029		30	0.3488		10	0.7698	0.5886	−0.1676
		mx-883	地下	M_a	$M=a+b\times M_a$	−0.0353	1.0296		26	0.7104		9	0.8825	0.7763	−0.0424
		mx-884	整株	A_c	$M=a+b\times A_c$	0.2213	0.4632		30	0.4515		10	0.7736	0.6027	−0.1929

参考文献

艾沙江・吾斯曼. 2012. 新疆12种荒漠灌丛生物量及碳储量研究. 乌鲁木齐: 新疆大学硕士学位论文.

安尼瓦尔, 尹林克. 1997. 怪柳属植物的生物量研究. 新疆环境保护, 19: 46-50.

蔡哲, 刘琪璟, 欧阳球林, 等. 2006. 千烟洲试验区几种灌木生物量估算模型的研究. 中南林学院学报, 26: 15-18.

陈鹏飞, 刘长安, 张悦, 等. 2016. 滨海湿地柽柳(*Tamarix chinensis*)灌丛生物量估算模型. 海洋环境科学, 35: 551-556.

陈遐林, 张国华. 2002. 山西太岳山典型灌木林生物量及生产力研究. 林业科学研究, 15: 304-309.

党晓宏, 高永, 虞毅, 等. 2016. 库布其沙漠北缘8种荒漠灌丛生物量预测模型研究. 干旱区资源与环境, 30: 168-174.

董道瑞, 李霞, 万红梅, 等. 2012. 塔里木河下游柽柳灌丛地上生物量估测. 西北植物学报, 32: 384-390.

胡会峰, 王志恒, 刘国华, 等. 2006. 中国主要灌丛植被碳储量. 植物生态学报, 30: 539-544.

黄劲松, 邸雪颖. 2011. 帽儿山地区6种灌木地上生物量估算模型. 东北林业大学学报, 39: 54-57.

姜凤岐, 卢凤勇. 1982. 小叶锦鸡儿灌丛地上生物量的预测模式. 生态学报, 2: 103-110.

李刚, 赵祥, 刘碧荣. 2014. 晋北4种灌木地上生物量预测模型的构建. 林业资源管理, 1: 71-76.

李钢铁, 秦富仓, 贾守义, 等. 1998. 旱生灌木生物量预测模型的研究. 内蒙古林学院学报(自然科学版), 20: 25-31.

李丕军, 艾吉尔・阿不拉, 王文月, 等. 2015. 塔里木河流域荒漠柽柳生物量特征分析. 安徽农业科学, 43: 167-169.

李英年, 赵亮, 王勤学, 等. 2006. 高寒金露梅灌丛生物量及年周转量. 草地学报, 14: 72-76.

梁倍, 邸利, 赵传燕, 等. 2013. 祁连山天涝池流域典型灌丛地上生物量沿海拔梯度变化规律的研究. 草地学报, 21: 664-669.

梁倍, 邸利, 赵传燕, 等. 2014. 祁连山天老池流域灌丛地上生物量空间分布. 应用生态学报, 25: 367-373.

林伟, 李俊生, 郑博福, 等. 2010. 井冈山自然保护区12 种常见灌木生物量的估测模型. 武汉植物学研究, 28: 725-729.

刘江华, 徐学选, 杨光, 等. 2003. 黄土丘陵区小流域次生灌丛群落生物量研究. 西北植物学报, 23: 1362-1366.

刘速, 刘晓云. 1996. 琵琶柴(*Reaumuria soongorica*)地上植物量的估测模型. 干旱区研究, 13: 36-41.

刘兴良, 郝晓东, 杨冬生, 等. 2006. 卧龙巴郎山川滇高山栎灌丛地上生物量及其模型. 生态学杂志, 25: 487-491.

刘陟. 2014. 毛乌素沙地主要灌木生物量及其模型的研究.呼和浩特: 内蒙古大学硕士学位论文.

牛存洋, 阿拉木萨, 宗芹, 等. 2013. 科尔沁沙地小叶锦鸡儿地上-地下生物量分配格局. 生态学杂志, 32: 1980-1986.

庞世龙, 欧芷阳, 莫汉宁, 等. 2014. 桂西喀斯特地区 3 种典型灌丛生物量及生产力研究. 中南林业科技大学学报, 34: 86-90.

彭鉴, 苏文华, 王宝荣, 等. 1992. 滇石栎萌生灌丛生物量及净初级生产量的研究. 云南大学学报, 14: 179-184.

朴世龙, 方精云, 黄耀. 2010. 中国陆地生态系统碳收支. 中国基础科学, 12 (2): 21-24.

茹文明. 1993. 陵川山区荆条灌丛群落结构与生物量的研究. 山西师大学报(自然科学版), 2: 55-58.

上官铁梁, 张峰. 1989. 云顶山虎榛子灌丛群落学特性及生物量. 山西大学学报 (自然科学版), 12:

361-364.
宋于洋, 胡晓静. 2011. 古尔班通古特沙漠不同生态类型梭梭地上生物量估算模型. 西北林学院学报, 26: 31-37.
孙威. 2015. 内蒙古灌木生物量的分配格局.呼和浩特: 内蒙古大学硕士学位论文.
陶冶, 张元明. 2013. 荒漠灌木生物量多尺度估测——以梭梭为例. 草业学报, 22: 1-10.
万里强, 李向林. 2001. 长江三峡地区灌木生物量及产量估测模型. 草业科学, 18: 5-10.
王俊峰, 欧光龙, 唐军荣, 等. 2012. 临沧膏桐种植区灌木群落生物量估测模型研究. 西部林业科学, 41: 53-57.
王蕾, 张宏, 哈斯, 等. 2004. 基于冠幅直径和植株高度的灌木地上生物量估测方法研究. 北京师范大学学报(自然科学版), 40: 700-704.
王玲. 2009. 川西北地区主要灌丛类型生物量及其模型的研究.雅安: 四川农业大学硕士学位论文.
王晓江. 1990. 用逐步回归法测定三种锦鸡儿灌丛生物量的研究. 内蒙古林业科技, 1: 15-17.
王新云, 郭艺歌, 陈林, 等. 2013. 荒漠草原不同林龄柠条灌丛生物量模型研究. 生物数学学报, 28: 377-383.
谢宗强, 唐志尧. 2015. 灌丛生态系统固碳研究的野外调查与室内分析技术规范//生态系统固碳项目技术规范编写组. 生态系统固碳观测与调查技术规范. 北京: 科学出版社: 145-191.
谢宗强, 唐志尧, 刘庆, 等. 2019. 中国灌丛生态系统固碳现状、变化和机制. 北京: 科学出版社（待出版）.
杨昊天, 李新荣, 王增如, 等. 2013. 腾格里沙漠东南缘 4 种灌木的生物量预测模型. 中国沙漠, 33: 1699-1704.
于九如, 韦少敏, 朱灵益, 等. 1993. 4 种灌木树种生物量的估测. 林业科技通讯, 10: 11-15.
曾慧卿, 刘琪璟, 冯宗炜, 等. 2007. 红壤丘陵区林下灌木生物量估算模型的建立及其应用. 应用生态学报, 18: 2185-2190.
曾慧卿, 刘琪璟, 马泽清, 等. 2006a. 基于冠幅及植株高度的檵木生物量回归模型. 南京林业大学学报(自然科学版), 30: 101-104.
曾慧卿, 刘琪璟, 马泽清, 等. 2006b. 千烟洲灌木生物量模型研究. 浙江林业科技, 26: 13-17.
曾伟生, 白锦贤, 宋连城, 等. 2015. 内蒙古柠条和山杏单株生物量模型研建. 林业科学研究, 28: 311-316.
曾伟生. 2015. 国内外灌木生物量模型研究综述. 世界林业研究, 28: 31-36.
张峰, 上官铁梁. 1991. 关帝山黄刺玫灌丛群落结构与生物量的研究. 武汉植物学研究, 9: 247-252.
张峰, 上官铁梁, 李素珍. 1993. 关于灌木生物量建模方法的改进. 生态学杂志, 12: 67-69.
张军, 闫旭. 2014. 毛乌素沙地沙生灌木地上生物量估测研究. 环境与发展, 26: 89-91.
张士才. 1989. 柠条锦鸡儿人工灌丛地生物量预测模型的选择. 中国沙漠, 9: 52-61.
张亚茹, 欧阳旭, 李跃林, 等. 2013. 我国南亚热带灌丛群落特征及生物量的定量计算. 中南林业科技大学学报, 33: 71-79.
张贞明, 韩天虎. 2008. 几种高寒灌丛地上植物量的估测模型. 草业科学, 25: 10-13.
赵成义, 宋郁东, 王玉潮, 等. 2004. 几种荒漠植物地上生物量估算的初步研究. 应用生态学报, 15: 49-52.
中国科学院中国植被图编辑委员会. 2001. 中国植被图集: 1∶1 000 000. 北京: 科学出版社.
Baskerville G L. 1972. Use of logarithmic regression in the estimation of plant biomass. Canadian Journal of Forest Research, 2: 49-53.
Chave J, Condit R, Aguilar S, et al. 2004. Error propagation and scaling for tropical forest biomass estimates. Philosophical Transactions of the Royal Society B: Biological Sciences, 359: 409-420.

Foroughbakhch R, Reyes G, Alvarado-Vázquez M A, et al. 2005. Use of quantitative methods to determine leaf biomass on 15 woody shrub species in northeastern Mexico. Forest Ecology and Management, 216: 359-366.

Gonzalez P, Asner G P, Battles J J, et al. 2010. Forest carbon densities and uncertainties from lidar, quickbird, and field measurements in California. Remote Sensing of Environment, 114: 1561-1575.

Hounzandji A, Jonard M, Nys C, et al. 2015. Improving the robustness of biomass functions: from empirical to functional approaches. Annals of Forest Science, 72: 795-810.

Ketterings Q M, Coe R, van Noordwijk M, et al. 2001. Reducing uncertainty in the use of allometric biomass equations for predicting above-ground tree biomass in mixed secondary forests. Forest Ecology and Management, 146: 199-209.

Kozak A, Kozak R. 2003. Does cross validation provide additional information in the evaluation of regression models? Canadian Journal of Forest Research, 33: 976-987.

Ludwig J A, Reynolds J F, Whitson P D. 1975. Size-biomass relationships of several Chihuahuan desert shrubs. American Midland Naturalist, 94: 451-461.

Muukkonen P. 2007. Generalized allometric volume and biomass equations for some tree species in Europe.European Journal of Forest Research, 126: 157-166.

Picard R R, Cook R D. 1984. Cross-validation of regression models. Journal of the American Statistical Association, 79: 575-583.

Snee R D. 1977. Validation of regression models: methods and examples. Technometrics, 19: 415-428.

Zhou X, Brandle J R, Schoeneberger M M, et al. 2007. Developing above-ground woody biomass equations for open-grown, multiple-stemmed tree species: shelterbelt-grown Russian-olive. Ecological Modelling, 202: 311-323.

附　录

附表　本手册收录生物量模型的灌木物种名录

种中文名	种拉丁学名	属中文名	科中文名	科拉丁学名
矮高山栎	*Quercus monimotricha*	栎属	壳斗科	Fagaceae
矮脚锦鸡儿	*Caragana brachypoda*	锦鸡儿属	豆科	Leguminosae
菝葜	*Smilax china*	菝契属	百合科	Liliaceae
霸王	*Sarcozygium xanthoxylon*	霸王属	蒺藜科	Zygophyllaceae
白背杜鹃	*Rhododendron leucaspis*	杜鹃属	杜鹃花科	Ericaceae
白背叶	*Mallotus apelta*	野桐属	大戟科	Euphorbiaceae
白刺	*Nitraria tangutorum*	白刺属	蒺藜科	Zygophyllaceae
白花柽柳	*Tamarix androssowii*	柽柳属	柽柳科	Tamaricaceae
白花酸藤果	*Embelia ribes*	酸藤子属	紫金牛科	Myrsinaceae
白栎	*Quercus fabri*	栎属	壳斗科	Fagaceae
白马骨	*Serissa serissoides*	白马骨属	茜草科	Rubiaceae
白沙蒿	*Artemisia blepharolepis*	蒿属	菊科	Compositae
白檀	*Symplocos paniculata*	山矾属	山矾科	Symplocaceae
柏拉木	*Blastus cochinchinensis*	柏拉木属	野牡丹科	Melastomataceae
暴马丁香	*Syringa reticulata* var. *amurensis*	丁香属	木樨科	Oleaceae
北沙柳	*Salix psammophila*	柳属	杨柳科	Salicaceae
变色锦鸡儿	*Caragana versicolor*	锦鸡儿属	豆科	Leguminosae
草麻黄	*Ephedra sinica*	麻黄属	麻黄科	Ephedraceae
草原杜鹃	*Rhododendron telmateium*	杜鹃属	杜鹃花科	Ericaceae
潺槁木姜子	*Litsea glutinosa*	木姜子属	樟科	Lauraceae
长梗扁桃	*Amygdalus pedunculata*	桃属	蔷薇科	Rosaceae
长穗柽柳	*Tamarix elongata*	柽柳属	柽柳科	Tamaricaceae
长托菝葜	*Smilax ferox*	菝契属	百合科	Liliaceae
朝天罐	*Osbeckia opipara*	金锦香属	野牡丹科	Melastomataceae
车桑子	*Dodonaea viscosa*	车桑子属	无患子科	Sapindaceae
柽柳	*Tamarix chinensis*	柽柳属	柽柳科	Tamaricaceae
秤星树	*Ilex asprella*	冬青属	冬青科	Aquifoliaceae
赤楠	*Syzygium buxifolium*	蒲桃属	桃金娘科	Myrtaceae
赤杨叶	*Alniphyllum fortunei*	赤杨叶属	安息香科	Styracaceae
翅果油树	*Elaeagnus mollis*	胡颓子属	胡颓子科	Elaeagnaceae

续表

种中文名	种拉丁学名	属中文名	科中文名	科拉丁学名
川滇高山栎	*Quercus aquifolioides*	栎属	壳斗科	Fagaceae
刺五加	*Acanthopanax senticosus*	五加属	五加科	Araliaceae
刺旋花	*Convolvulus tragacanthoides*	旋花属	旋花科	Convolvulaceae
大白杜鹃	*Rhododendron decorum*	杜鹃属	杜鹃花科	Ericaceae
单色杜鹃	*Rhododendron tapetiforme*	杜鹃属	杜鹃花科	Ericaceae
地盘松	*Pinus yunnanensis* var. *pygmaea*	松属	松科	Pinaceae
豆梨	*Pyrus calleryana*	梨属	蔷薇科	Rosaceae
杜茎山	*Maesa japonica*	杜茎山属	紫金牛科	Myrsinaceae
杜鹃	*Rhododendron simsii*	杜鹃属	杜鹃花科	Ericaceae
短柄枹栎	*Quercus serrata* var. *brevipetiolata*	栎属	壳斗科	Fagaceae
多枝柽柳	*Tamarix ramosissima*	柽柳属	柽柳科	Tamaricaceae
峨眉蔷薇	*Rosa omeiensis*	蔷薇属	蔷薇科	Rosaceae
枫香树	*Liquidambar formosana*	枫香树属	金缕梅科	Hamamelidaceae
甘蒙柽柳	*Tamarix austromongolica*	柽柳属	柽柳科	Tamaricaceae
刚毛柽柳	*Tamarix hispida*	柽柳属	柽柳科	Tamaricaceae
岗柃	*Eurya groffii*	柃木属	山茶科	Theaceae
岗松	*Baeckea frutescens*	岗松属	桃金娘科	Myrtaceae
高山柏	*Sabina squamata*	圆柏属	柏科	Cupressaceae
高山栎	*Quercus semecarpifolia*	栎属	壳斗科	Fagaceae
高山绣线菊	*Spiraea alpina*	绣线菊属	蔷薇科	Rosaceae
戈壁藜	*Iljinia regelii*	戈壁藜属	藜科	Chenopodiaceae
格药柃	*Eurya muricata*	柃木属	山茶科	Theaceae
鬼箭锦鸡儿	*Caragana jubata*	锦鸡儿属	豆科	Leguminosae
豪猪刺	*Berberis julianae*	小檗属	小檗科	Berberidaceae
合头草	*Sympegma regelii*	合头草属	藜科	Chenopodiaceae
河北木蓝	*Indigofera bungeana*	木蓝属	豆科	Leguminosae
黑沙蒿	*Artemisia ordosica*	蒿属	菊科	Compositae
红背山麻杆	*Alchornea trewioides*	山麻杆属	大戟科	Euphorbiaceae
红淡比	*Cleyera japonica*	红淡比属	山茶科	Theaceae
红砂	*Reaumuria songarica*	红砂属	柽柳科	Tamaricaceae
红棕杜鹃	*Rhododendron rubiginosum*	杜鹃属	杜鹃花科	Ericaceae
胡颓子	*Elaeagnus pungens*	胡颓子属	胡颓子科	Elaeagnaceae
胡枝子	*Lespedeza bicolor*	胡枝子属	豆科	Leguminosae
槲栎	*Quercus aliena*	栎属	壳斗科	Fagaceae
虎榛子	*Ostryopsis davidiana*	虎榛子属	桦木科	Betulaceae
化香树	*Platycarya strobilacea*	化香树属	胡桃科	Juglandaceae

续表

种中文名	种拉丁学名	属中文名	科中文名	科拉丁学名
黄刺玫	*Rosa xanthina*	蔷薇属	蔷薇科	Rosaceae
黄荆	*Vitex negundo*	牡荆属	马鞭草科	Verbenaceae
黄栌	*Cotinus coggygria*	黄栌属	漆树科	Anacardiaceae
黄檀	*Dalbergia hupeana*	黄檀属	豆科	Leguminosae
灰毛浆果楝	*Cipadessa cinerascens*	浆果楝属	楝科	Meliaceae
火棘	*Pyracantha fortuneana*	火棘属	蔷薇科	Rosaceae
鸡树条	*Viburnum opulus* var. *calvescens*	荚蒾属	忍冬科	Caprifoliaceae
吉拉柳	*Salix gilashanica*	柳属	杨柳科	Salicaceae
檵木	*Loropetalum chinense*	檵木属	金缕梅科	Hamamelidaceae
假木贼	*Anabasis sp.*	假木贼属	藜科	Chenopodiaceae
箭竹	*Fargesia spathacea*	箭竹属	禾本科	Gramineae
金背杜鹃	*Rhododendron clementinae subsp. Aureodorsale*	杜鹃属	杜鹃花科	Ericaceae
金顶杜鹃	*Rhododendron faberi*	杜鹃属	杜鹃花科	Ericaceae
金露梅	*Potentilla fruticosa*	委陵菜属	蔷薇科	Rosaceae
金樱子	*Rosa laevigata*	蔷薇属	蔷薇科	Rosaceae
荆条	*Vitex negundo* var. *heterophylla*	牡荆属	马鞭草科	Verbenaceae
卷边柳	*Salix siuzevii*	柳属	杨柳科	Salicaceae
卷叶锦鸡儿	*Caragana ordosica*	锦鸡儿属	豆科	Leguminosae
绢毛蔷薇	*Rosa sericea*	蔷薇属	蔷薇科	Rosaceae
苦槠	*Castanopsis sclerophylla*	锥属	壳斗科	Fagaceae
宽苞水柏枝	*Myricaria bracteata*	水柏枝属	柽柳科	Tamaricaceae
筐柳	*Salix linearistipularis*	柳属	杨柳科	Salicaceae
烈香杜鹃	*Rhododendron anthopogonoides*	杜鹃属	杜鹃花科	Ericaceae
裂毛雪山杜鹃	*Rhododendron aganniphum* var. *schizopeplum*	杜鹃属	杜鹃花科	Ericaceae
柃木	*Eurya japonica*	柃木属	山茶科	Theaceae
柳杉	*Cryptomeria fortunei*	柳杉属	杉科	Taxodiaceae
耧斗菜叶绣线菊	*Spiraea aquilegifolia*	绣线菊属	蔷薇科	Rosaceae
鹿角杜鹃	*Rhododendron latoucheae*	杜鹃属	杜鹃花科	Ericaceae
轮叶蒲桃	*Syzygium grijsii*	蒲桃属	桃金娘科	Myrtaceae
麻栎	*Quercus acutissima*	栎属	壳斗科	Fagaceae
马桑	*Coriaria nepalensis*	马桑属	马桑科	Coriariaceae
马缨杜鹃	*Rhododendron delavayi*	杜鹃属	杜鹃花科	Ericaceae
满山红	*Rhododendron mariesii*	杜鹃属	杜鹃花科	Ericaceae
满树星	*Ilex aculeolata*	冬青属	冬青科	Aquifoliaceae
毛刺锦鸡儿	*Caragana tibetica*	锦鸡儿属	豆科	Leguminosae
毛榛	*Corylus mandshurica*	榛属	桦木科	Betulaceae

续表

种中文名	种拉丁学名	属中文名	科中文名	科拉丁学名
茅栗	*Castanea seguinii*	栗属	壳斗科	Fagaceae
美丽胡枝子	*Lespedeza formosa*	胡枝子属	豆科	Leguminosae
蒙古扁桃	*Amygdalus mongolica*	桃属	蔷薇科	Rosaceae
蒙古绣线菊	*Spiraea mongolica*	绣线菊属	蔷薇科	Rosaceae
蒙古岩黄耆	*Hedysarum fruticosum* var. *mongolicum*	岩黄耆属	豆科	Leguminosae
密枝杜鹃	*Rhododendron fastigiatum*	杜鹃属	杜鹃花科	Ericaceae
绵刺	*Potaninia mongolica*	绵刺属	蔷薇科	Rosaceae
膜果麻黄	*Ephedra przewalskii*	麻黄属	麻黄科	Ephedraceae
牡荆	*Vitex negundo* var. *cannabifolia*	牡荆属	马鞭草科	Verbenaceae
木荷	*Schima superba*	木荷属	山茶科	Theaceae
南蛇藤	*Celastrus orbiculatus*	南蛇藤属	卫矛科	Celastraceae
南烛	*Vaccinium bracteatum*	越橘属	杜鹃花科	Ericaceae
柠条锦鸡儿	*Caragana korshinskii*	锦鸡儿属	豆科	Leguminosae
糯米条	*Abelia chinensis*	六道木属	忍冬科	Caprifoliaceae
泡泡刺	*Nitraria sphaerocarpa*	白刺属	蒺藜科	Zygophyllaceae
槭	*Acer sp.*	槭属	槭树科	Aceraceae
千果榄仁	*Terminalia myriocarpa*	诃子属	使君子科	Combretaceae
千里香杜鹃	*Rhododendron thymifolium*	杜鹃属	杜鹃花科	Ericaceae
青冈	*Cyclobalanopsis glauca*	青冈属	壳斗科	Fagaceae
锐齿槲栎	*Quercus aliena* var. *acuteserrata*	栎属	壳斗科	Fagaceae
箬竹	*Indocalamus tessellatus*	箬竹属	禾本科	Gramineae
三裂绣线菊	*Spiraea trilobata*	绣线菊属	蔷薇科	Rosaceae
沙冬青	*Ammopiptanthus mongolicus*	沙冬青属	豆科	Leguminosae
沙拐枣	*Calligonum mongolicum*	沙拐枣属	蓼科	Polygonaceae
沙棘	*Hippophae rhamnoides*	沙棘属	胡颓子科	Elaeagnaceae
沙针	*Osyris wightiana*	沙针属	檀香科	Santalaceae
砂生槐	*Sophora moorcroftiana*	槐属	豆科	Leguminosae
山刺玫	*Rosa davurica*	蔷薇属	蔷薇科	Rosaceae
山矾	*Symplocos sumuntia*	山矾属	山矾科	Symplocaceae
山桂花	*Bennettiodendron leprosipes*	山桂花属	大风子科	Flacourtiaceae
山胡椒	*Lindera glauca*	山胡椒属	樟科	Lauraceae
山鸡椒	*Litsea cubeba*	木姜子属	樟科	Lauraceae
山莓	*Rubus corchorifolius*	悬钩子属	蔷薇科	Rosaceae
山杏	*Armeniaca sibirica*	杏属	蔷薇科	Rosaceae
山竹岩黄耆	*Hedysarum fruticosum*	岩黄耆属	豆科	Leguminosae
杉木	*Cunninghamia lanceolata*	杉木属	杉科	Taxodiaceae

续表

种中文名	种拉丁学名	属中文名	科中文名	科拉丁学名
石斑木	*Rhaphiolepis indica*	石斑木属	蔷薇科	Rosaceae
石栎	*Lithocarpus sp.*	柯属	壳斗科	Fagaceae
疏毛绣线菊	*Spiraea hirsuta*	绣线菊属	蔷薇科	Rosaceae
栓皮栎	*Quercus variabilis*	栎属	壳斗科	Fagaceae
水锦树	*Wendlandia uvariifolia*	水锦树属	茜草科	Rubiaceae
四川红淡(四川杨桐)	*Adinandra bockiana*	杨桐属	山茶科	Theaceae
四合木	*Tetraena mongolica*	四合木属	蒺藜科	Zygophyllaceae
酸枣	*Ziziphus jujuba* var. *spinosa*	枣属	鼠李科	Rhamnaceae
算盘子	*Glochidion puberum*	算盘子属	大戟科	Euphorbiaceae
梭梭	*Haloxylon ammodendron*	梭梭属	藜科	Chenopodiaceae
桃金娘	*Rhodomyrtus tomentosa*	桃金娘属	桃金娘科	Myrtaceae
甜槠	*Castanopsis eyrei*	锥属	壳斗科	Fagaceae
铁刀木	*Cassia siamea*	决明属	豆科	Leguminosae
铁凉伞	*Ardisia crenata*	紫金牛属	紫金牛科	Myrsinaceae
铁仔	*Myrsine africana*	铁仔属	紫金牛科	Myrsinaceae
头花杜鹃	*Rhododendron capitatum*	杜鹃属	杜鹃花科	Ericaceae
土庄绣线菊	*Spiraea pubescens*	绣线菊属	蔷薇科	Rosaceae
驼绒藜	*Ceratoides latens*	驼绒藜属	藜科	Chenopodiaceae
卫矛	*Euonymus alatus*	卫矛属	卫矛科	Celastraceae
乌苏里绣线菊	*Spiraea chamaedryfolia*	绣线菊属	蔷薇科	Rosaceae
乌药	*Lindera aggregata*	山胡椒属	樟科	Lauraceae
西藏锦鸡儿	*Caragana spinifera*	锦鸡儿属	豆科	Leguminosae
细枝岩黄耆	*Hedysarum scoparium*	岩黄耆属	豆科	Leguminosae
虾子花	*Woodfordia fruticosa*	虾子花属	千屈菜科	Lythraceae
狭叶锦鸡儿	*Caragana stenophylla*	锦鸡儿属	豆科	Leguminosae
香柏	*Sabina pingii* var. *wilsonii*	圆柏属	柏科	Cupressaceae
香合欢	*Albizia odoratissima*	合欢属	豆科	Leguminosae
小鞍叶羊蹄甲	*Bauhinia brachycarpa* var. *microphylla*	羊蹄甲属	豆科	Leguminosae
小果蔷薇	*Rosa cymosa*	蔷薇属	蔷薇科	Rosaceae
小叶锦鸡儿	*Caragana microphylla*	锦鸡儿属	豆科	Leguminosae
兴安杜鹃	*Rhododendron dauricum*	杜鹃属	杜鹃花科	Ericaceae
兴安胡枝子	*Lespedeza daurica*	胡枝子属	豆科	Leguminosae
绣线菊	*Spiraea salicifolia*	绣线菊属	蔷薇科	Rosaceae
悬钩子	*Rubus sp.*	悬钩子属	蔷薇科	Rosaceae
雪层杜鹃	*Rhododendron nivale*	杜鹃属	杜鹃花科	Ericaceae
烟管荚蒾	*Viburnum utile*	荚蒾属	忍冬科	Caprifoliaceae

续表

种中文名	种拉丁学名	属中文名	科中文名	科拉丁学名
盐肤木	*Rhus chinensis*	盐肤木属	漆树科	Anacardiaceae
盐节木	*Halocnemum strobilaceum*	盐节木属	藜科	Chenopodiaceae
盐穗木	*Halostachys caspica*	盐穗木属	藜科	Chenopodiaceae
盐爪爪	*Kalidium foliatum*	盐爪爪属	藜科	Chenopodiaceae
杨桐	*Adinandra millettii*	杨桐属	山茶科	Theaceae
野花椒	*Zanthoxylum simulans*	花椒属	芸香科	Rutaceae
野漆	*Toxicodendron succedaneum*	漆属	漆树科	Anacardiaceae
腋花杜鹃	*Rhododendron racemosum*	杜鹃属	杜鹃花科	Ericaceae
一担柴	*Colona floribunda*	一担柴属	椴树科	Tiliaceae
宜昌荚蒾	*Viburnum erosum*	荚蒾属	忍冬科	Caprifoliaceae
宜昌木蓝	*Indigofera decora* var. *ichangensis*	木蓝属	豆科	Leguminosae
银柴	*Aporusa dioica*	银柴属	大戟科	Euphorbiaceae
银叶锥	*Castanopsis argyrophylla*	锥属	壳斗科	Fagaceae
油茶	*Camellia oleifera*	山茶属	山茶科	Theaceae
余甘子	*Phyllanthus emblica*	叶下珠属	大戟科	Euphorbiaceae
珍珠花	*Lyonia ovalifolia*	珍珠花属	杜鹃花科	Ericaceae
珍珠梅	*Sorbaria sorbifolia*	珍珠梅属	蔷薇科	Rosaceae
珍珠猪毛菜	*Salsola passerina*	猪毛菜属	藜科	Chenopodiaceae
榛	*Corylus heterophylla*	榛属	桦木科	Betulaceae
栀子	*Gardenia jasminoides*	栀子属	茜草科	Rubiaceae
中间锦鸡儿	*Caragana intermedia*	锦鸡儿属	豆科	Leguminosae
中麻黄	*Ephedra intermedia*	麻黄属	麻黄科	Ephedraceae
中平树	*Macaranga denticulata*	血桐属	大戟科	Euphorbiaceae
紫丁香	*Syringa oblata*	丁香属	木樨科	Oleaceae
紫珠	*Callicarpa bodinieri*	紫珠属	马鞭草科	Verbenaceae